Ulrike Germann
Eberhard Seitz

Disrupt your Communication!

Für die beiden wundervollen Next-Gen-Manager
Cara und Cassian
sowie alle visionären CEOs,
die mit Mut und Transparenz sowie klarem Bekenntnis
zu Werten, Nachhaltigkeit und Kommunikation
zur Verbesserung unserer Gesellschaft beitragen.

Ulrike Germann
Eberhard Seitz

Disrupt your Communication!

Innovativ, digital, kommunikativ – neue Business Intelligence für CEOs

dfv Mediengruppe

dfv Mediengruppe
Fachbuch

Bibliografische Informationen der Deutschen Nationalbibliothek

Die Deutsche Nationalbibliothek verzeichnet diese Publikation in der Deutschen Nationalbibliografie; detaillierte bibliografische Daten sind im Internet über http://dnb.de abrufbar.

ISBN 978-3-86641-351-1

Lektorat: Sabine Rock, Frankfurt am Main
Umschlag: Grafische Gestaltung Guido Klütsch, Köln
Umschlagfoto: ApTeM Артем Голосенко_Stock.Adobe.com
Autorenfotos: Studioline Düsseldorf; Tania Walck. Düsseldorf
Layout und Satz: Publikations Atelier, Dreieich
Produktion: X-Production Thomas Mattner. Aschaffenburg
Druck und Verarbeitung: CPI books GmbH, Leck
Printed in Germany

Inhalt

Vorwort

Ohne Kommunikation gibt es keinen Wertewandel

Am Anfang dieses Buches steht Mut. Nur wer den Mut hat, wegweisende Entscheidungen zu treffen und grundlegende Veränderungen zu wagen, wird die investierte Zeit des Lesens in direkten Erfolg umwandeln. „Disrupt your Communication" – wir sprechen schon im Titel bewusst von einer echten Disruption und damit vom Neuansatz jedes Geschäftsmodells, das in Zukunft digital, vernetzt, transparent und vollständig kommunikativ funktioniert. Unser Ansatz richtet sich an Pioniere mit einem visionären Mindset, die erkannt haben, dass Daten der Treiber jedes unternehmerischen Handelns der Zukunft sind. Wir nennen sie „Next-Gen-Manager", weil sie wissen, dass sich ihr Ökosystem, getrieben durch Digitalisierung, Globalisierung, Klimawandel und Sinnfragen, zum Beispiel nach Social Responsibility, extrem schnell verändert und sie bislang zwar Antworten, aber keine ultimativen Lösungen haben.

Stakeholder wie Kunden, Mitarbeiter und Investoren verlangen von Unternehmenslenkern nicht nur klare Statements zu diesen Themen, sie fordern nachvollziehbare Handlungen und Transparenz. Auch Aufsichtsgremien definieren Erwartungen und Anforderungen neu. Sie etablieren dazu eine Fehlerkultur, vertrauen aber nur Managern, die nicht nur argumentieren und versprechen, sondern auch sichtbar machen, was sie leisten. In dieser Veränderung stecken multiple Chancen. Echte Macher werden zu einer neuen Managementelite auf einem bahnbrechend neuen Level und haben einzigartige Möglichkeiten, unsere Zukunft aktiv mitzugestalten. Sie nutzen Organizational Dexterity und transformieren operatives Handeln – „das Machen" – auf die Meta-Ebene zur haltungsstarken Organisation –

„dem Sein". Ein innovativer Managementstil, mit dem CEOs nachhaltig und flexibel auf alle Herausforderungen reagieren können.

Der Entschluss zu diesem Buch ist jahrelang gereift. Wir kommen aus dem Journalismus und haben als Chefredakteure und Verleger mit eigenen Publikationen die Kommunikation zwischen Menschen in allen Facetten erlebt und gestaltet. Mit den hohen Ansprüchen der schreibenden Zunft sind wir in die Unternehmenskommunikation gewechselt und hatten die Erwartung, dass auch innerhalb von Unternehmen der Dialog einen hohen Stellenwert genießt. Im Verlauf von unterschiedlichen Führungspositionen, Beratungsmandaten für C-Levels und Einsätzen als Interim-Manager in Unternehmen diverser Größenordnungen, in mehreren Branchen und sehr unterschiedlichen Organisationsformen haben wir gesehen, dass viele Unternehmenslenker den Wert professioneller Kommunikation aus dem Grund nicht priorisieren, weil sie ihn nicht wirklich einschätzen können. Es fehlt ihnen oft das Wissen und der Mut, aber fast immer die Konsequenz, die Aufbau- und Ablauforganisation ihrer Unternehmen kommunikativ so zu gestalten, dass die eingesetzten Ressourcen optimal genutzt werden können.

Allein der Wissensverlust durch ineffizientes Knowledge-Management oder den Weggang von Mitarbeitern ist in vielen Unternehmen unvorstellbar groß. Wir sehen darin die Chance für einen Neuanfang und überzeugen Manager, die Kommunikation zukünftig ganz weit oben zu positionieren. Kommunikation funktioniert am besten aus der Mitte heraus. Das ist nur auf den ersten Blick ein Widerspruch – wir lösen ihn auf und wagen mit diesem Buch einen doppelten Neuanfang: von Unternehmenskultur und von Leadership im digitalen Zeitalter.

Kommunikation ist nicht nur für uns die Grundlage allen Erfolgs. Wer nicht mit anderen interagiert, isoliert sich, als Mensch wie als Unternehmen. Die University of Southern California (USC) lehrte 2022 in einem Executive-Management-Kurs: „Kommunikation steht im Mittelpunkt der Disruption. Wenn ein Unternehmen etwas ändern will, muss es zuerst den Verbrauchern zuhören und Veränderungen identifizieren, die sie wollen oder brauchen."[1] Das bringt uns zu dem Begriff der kommunikativen Organisation, der uns durch dieses Buch begleiten wird: Das neue Zeitalter der „Communicative Organization" fängt für jedwedes Unternehmen beim Menschen an. Wir entwickeln damit einen bisher unbekannten und sehr konsequenten Ansatz der Business Intelligence. Unsere dialogzentrierte Organisationsform ist frei skalierbar und damit für Unternehmen jeder Größe anwendbar – vom kleinen Familienunternehmen bis zum globalen Multi-Purpose-Konzern. Die Komplexität des Unternehmens bedingt zwar den Aufwand und die Umsetzungsgeschwindigkeit, aber das Ergebnis ist immer identisch. Die Führung steuert aus der Mitte heraus und rein über Kommunikation. Dazu benutzt sie ein neuronal vernetztes und mittels Künstlicher Intelligenz lernendes Betriebssystem – die CINCO –, das alle Mitarbeiter und Leader transparent, ungefiltert und auf Augenhöhe miteinander vernetzt.

Kein Wunder, dass die Communicative Organization zum ersten Mal im liberalen Skandinavien wissenschaftlich untersucht wurde, um den Wert von Kommunikation für Unternehmen zu benennen. Vorgemacht hatte es die Global Alliance, das weltweit größte Netzwerk von Kommunikationsprofis, die mit dem Begriff die Kommunikation als Erfolgsfaktor positionieren wollte. Daran knüpfen wir an und werten den obersten Kommunikator auf. Faktisch entwerfen wir ein neues Berufsbild und lassen keine andere oder geringere Einordnung als den „Chief Communications Officer" zu. Ein längst überfälliger Schritt, denn dieser CCO wird der engste Berater und Leader im Team des CEO sein und die Veränderung maßgeblich mitgestalten.

Der Lackmustest ist für uns die berühmte Silofrage: Wer heutzutage noch Marketing und Unternehmenskommunikation organisatorisch trennt und diskutiert, ob Reputation und Image zwei Seiten einer Medaille sind, hat in der Führung von Unternehmen nichts verloren oder sollte unbedingt dieses Buch lesen. Wir definieren und erklären auf den folgenden Seiten umfassend die Communicative Organization. Was macht sie aus und woran lässt sie sich messen? Nach der Lektüre des Buches stellt sich also die Frage: Gehe ich als Pionier in die Newlands der digitalen Zukunft? Dann heißt die Brücke „Disruption", und somit müssen alte Denkweisen und Strukturen konsequent weichen. Die Alternative dazu ist einfach: Man wird entweder verdrängt oder verschwindet ganz. Graustufen gibt es im Zeitalter der Digitalisierung nicht mehr. Nur noch 0 oder 1.

Bei den Recherchen zu diesem Buch haben wir zahlreiche exzellente Quellen, Studien und Analysen entdeckt, gelesen und mit dem journalistischen Blick analysiert. Im Abgleich mit unseren eigenen Erfahrungen haben wir deshalb viel Best-Practice-Wissen eingebaut und zitieren bedeutende Organisationen und Manager. All diese Stimmen zeigen, dass der Mut, die Kommunikation an erste Stelle zu setzen, latent bereits in so vielen Köpfen vorhanden und teilweise sogar klar formuliert ist – manchmal nur als Nebenaspekt der Diskussion um die soziale Verantwortung von Unternehmen oder im Zuge der Klimaschutzziele, als Teil von Diversity-Konzepten oder Engagement-Strategien.

Überall, wo der Wunsch oder die unabdingbare Forderung nach einer nachhaltigen Veränderung von Werten und Verhalten postuliert wird, ist dialogzentrierte Kommunikation die Lösung. Doch transparente und ehrliche Kommunikation braucht Grundregeln wie zum Beispiel eine klare Identität der Absender. Der Social-Media-Pranger und seine hasserfüllten Akteure sind das Gegenteil der wertschätzenden Communicative Organization. Wir möchten mit diesem Buch die Diskussion anregen, wie Kommunikation sich wandeln muss, um im Zeitalter der Digitalisierung unverzichtbar zu sein. Dialog ist die verpflichtende Aufgabe für jeden Mitarbeiter und die Chance, jedem einzelnen Wertschätzung und Vertrauen entgegenzubringen.

Wir wissen, dass Kritiker eines solchen Ansatzes keine Rücksicht auf unsere offenen Worte nehmen werden. Einige Thesen und Themen wurden schon mehrfach diskutiert. Andere überraschen womöglich und werden zu kontroversen Debatten führen. Doch wie können wir von Ihnen, unseren Leserinnen und Lesern, Mut erwarten, wenn wir nicht selbst den Mut aufbringen, eine echte Neubewertung der Kommunikation vorzunehmen und Innovationen zu thematisieren? Zukunftsfähige Kommunikation kann man nicht kaufen, jeder C-Level-Manager muss sie gestalten. Das Team aus CEO und CCO muss die Vision und den Mut aufbringen, Schieflagen zu korrigieren und neue Wege zu beschreiten – es muss ihnen auch gefallen, Rebellen und Störenfriede zu sein. Wir sehen den kritischen Reaktionen auf unser Buch gelassen entgegen, denn sie werden nur den Sinn und Zweck von Dialog beweisen, dem wir uns jederzeit mit offenem Visier stellen. Wir brauchen den kontroversen Diskurs, um eine Entwicklung zu erreichen.

Noch zwei Anmerkungen zur Sprache. Wir haben in diesem Buch auf das Gendern verzichtet – ganz bewusst und voller Überzeugung. Diversität, Chancengleichheit, Inklusion und Einbindung aller erreicht man nicht mit Wortakrobatik, sondern mit einem neuen Mindset. Es ist vollkommen irrelevant, welches Geschlecht, welche Herkunft oder Religion ein Akteur in diesem Buch hat. Echte Gleichstellung kann nicht mit der Befriedigung von Minderheiten gelingen, sondern mit der Akzeptanz der bunten Normalität. Wenn wir vom „CEO“ und „ihm“ schreiben, bezieht sich das auf die Funktion oder die Rolle, nicht auf die Person.

Vielleicht stören einige Leser auch unsere englischen Formulierungen. Als Journalisten mit deutschem Hintergrund lieben und nutzen wir gerne unsere Sprache. Doch das Management der Zukunft ist international und nirgendwo sind Buzzwords so alltäglich und selbstverständlich wie in der Jugendsprache und der Kommunikationsbranche. Oftmals gibt es auch gar keine korrekte Übersetzungsmöglichkeit. Ein „Chief Communications Officer" zum Beispiel lässt sich nicht präzise ins Deutsche übersetzen. „Kommunikationsverantwortlicher" wäre schlicht nicht ausreichend. Also bedienen wir uns, wo es nötig und angemessen ist, des Englischen und werden somit sehr genau.

Es ist nicht das Genie, das einen exzellenten Manager ausmacht, sondern der mutige Leader in seiner Rolle als Unterstützer, Mentor und Macher! Die Führungskraft, die Verantwortung übernimmt und aktiv sowie transparent kommuniziert. Sie vergeudet keine Zeit für Marketingslogans und Selbstdarstellung in den sozialen Medien, sondern besinnt sich auf Relevanz. Sicherlich, ein bisschen Ego-Show bei LinkedIn, Facebook und Co ist heute gängig, aber die Inhalte sollten immer auf die Themen des Unternehmens einzahlen und zielgruppengerecht verbreitet werden. Wenn schon Selbstdarstellung, dann zumindest authentisch, wie die Selfmade-Milliardäre Jeff Bezos, Elon Musk und Bill Gates es vormachen. Sie stehen für das, was sie von sich preisgeben.

Das alte Motto „Wer sich positionieren will, muss Position beziehen" ist heute so aktuell wie nie. Sie glauben gar nicht, wie viel Geld Manager für die Gestaltung ihrer öffentlichen Wahrnehmung und Reputation ausgeben. Doch nicht Budgets entscheiden über den Erfolg, sondern Soft Skills, die jeder Manager haben sollte: Mut, Relevanz, Weitsicht und Kommunikationsstärke. Seien Sie nur ein bisschen von Ideen überzeugt wie Jeff Bezos, zeigen Sie ein wenig von Elon Musks Wagnisbereitschaft und haben Sie eine Zukunftsvision wie einst Bill Gates. Schließlich vereinen Sie, was alle drei Unternehmer richtig gut können und was ihnen zu ihrem Erfolg verholfen hat: Kommunizieren Sie!

Dieses Buch will keine Probleme aufzeigen, sondern Lösungen für zukunftsorientierte Manager und Kommunikatoren bieten. Lesen Sie weiter, wenn Sie ein Game-Changer sind und den nächsten Schritt schon lange gehen wollten. Alle anderen können hier aufhören zu lesen und einen der vielen Ratgeber kaufen, die den Status quo mit einer Spur Evolution oder einer Prise Revolution auf ein höheres Level heben wollen, ohne irgendeinen Stakeholder zu vergrämen. Dieses Buch nimmt keine Rücksicht, denn die globalen und gesellschaftlichen Entwicklungen sowie Ihre Wettbewerber und Kunden nehmen ebenfalls keine. Wir wünschen Ihnen überraschende Erkenntnisse beim Lesen und die Motivation, Lösungsvorschläge und Konzepte direkt zu diskutieren und umzusetzen. Dann werden nicht nur Sie profitieren, sondern auch Ihre Teams, Kunden, Geschäftspartner und vor allem die Gesellschaft. Ohne Mut, in See zu stechen, wäre die moderne Welt nie entdeckt worden!

Ulrike Germann und Eberhard Seitz

KAPITEL 1

Zeit für Game-Changer

Topmanager stehen Tag für Tag vor neuen Challenges, das ist Teil ihres Daily Business. Diesen Herausforderungen verantwortungsbewusst und mit zukunftsweisenden Konzepten zu begegnen, gehört zur DNA der Managementelite. In den vergangenen Jahren hat ein gewaltiger Umbruch in der Gesellschaft eingesetzt, der sich für Unternehmenslenker wie das Eintauchen in eine neue Galaxie anfühlt und unmittelbare, weitreichende Veränderungen erfordert. Nur wer von der Metaebene aus rasche, mutige Entscheidungen trifft und ungewöhnliche Wege geht, wer Digitalisierung und Globalisierung, kulturelle Einflüsse und soziale Evolution nutzt, um den weltweiten Herausforderungen wie Klimawandel und Ressourcenerhalt zu begegnen, hat die Chance, neue Dimensionen zu erschließen, statt immer nur First Movern und Fast Followern hinterherzufliegen.

Weitsichtige Manager sind nicht nur in der Lage, Krisen und geopolitische Nachteile verlässlich abzuwehren, sie werden die Energie der Veränderung auch für eigene Ziele nutzen – zukünftig stets mit einem relevanten Beitrag für die Gesellschaft. Dieser Anspruch, den das veränderte Ökosystem, bestehend aus Gesellschaft, Mitarbeitern, Investoren und Verbrauchern, an Produktanbieter und Dienstleister stellt, kann als Turbo für den Unternehmenserfolg eingesetzt werden. Voraussetzung: Der Chef ist ein Next-Generation-Manager und besitzt den Mut, sich auf die gesellschaftlichen, wirtschaftlichen und politischen Veränderungen einzulassen. So wagen CEOs die Transformation und werden zum Game-Changer. Schon Peter F. Drucker, Ökonom, Autor und erfolgreicher Unternehmer, betonte: „Kultur – egal wie definiert – ist einzigartig persistent."[1]

Das VUCA-Konzept beschreibt deutlich, welche Herausforderungen vor allem durch die Digitalisierung auf Unternehmenslenker zukommen. Das Akronym steht für Volatility (Volatilität), Uncertainty (Unsicherheit), Complexity (Komplexität) und Ambiguity (Mehrdeutigkeit). Next-Generation-Manager müssen in der VUCA-Welt nicht nur hervorragende Unternehmenslenker sein, sie müssen ihre Kompetenz und ihre Haltung auch überzeugend allen Stakeholdern vermitteln. Transparenz ist die Kür künftigen Managements. Sie bedarf exzellenter Kommunikation, die verständlich, authentisch, glaubwürdig und vertrauensbildend wirkt. Und sie verträgt keine Marketingfloskeln oder Selbstinszenierung. Diese Kommunikation, die aktuell nur wenige CEOs treffsicher beherrschen, ist Grundlage der Reputation und des künftigen Geschäftserfolgs.

Zugegeben, es birgt in einem sich rasant entwickelnden Ökosystem auch Gefahren, eine klare Haltung einzunehmen. Nicht immer findet jede Positionierung allgemeine Zustimmung. Stets Everybody's Darling zu sein, ist für CEOs ebenso wenig erstrebenswert wie sich vor der Öffentlichkeit zu verstecken. Es gibt noch zu viele Manager und auch Politiker, die glauben, sich positionieren zu können, ohne eine eigene Position zu zeigen. Der Kommunikator, wie wir ihn uns vorstellen, kann mit spezieller Haltungskommunikation das Positionierungsproblem lösen, wenn der CEO Charakterstärke beweist und seine Grundwerte und Meinungen manifestiert. Der CEO selbst bleibt der entscheidende Faktor.

CEOs wollen Veränderung

Die Studie „It starts with the CEO" der Personalberatung Egon Zehnder aus dem Jahr 2021, in der knapp 1000 Chief Executive Officers weltweit befragt wurden, kommt zu dem Ergebnis, dass Topmanager sich ihrer neuen Anforderungen durchaus bewusst sind. Und: Sie erkennen, dass sie sich selbst bewegen müssen, um die Welt zu verändern, resümieren die Executive Consultants. „Fast 80 Prozent der CEOs sind der Meinung, dass sie sowohl sich selbst als auch ihr Unternehmen verändern müssen."[2]

Für Jill Ader, Global Chairwoman von Egon Zehnder, ist das sogar das auffälligste Ergebnis der Studie, denn es gibt eine fast vollständige Übereinstimmung unter Tausenden von Leadern: „Als CEO brauche ich die Fähigkeit, mich und meine Organisation zu verändern." Die Unternehmenslenker erweitern ihre Fähigkeit, anpassungsfähig, beziehungsorientiert und selbstbewusst zu sein. Sie arbeiten daran, neue Führungsqualitäten zu entwickeln, insbesondere im Bereich der Selbstreflexion, des Zuhörens und der Suche nach ehrlichem Feedback. Herausforderungen und Störungen werden nicht nur als Stressfaktor empfunden: „Viele der CEOs, mit denen wir gesprochen haben, sagten, dass sie die Umbrüche des vergangenen Jahres als Ansporn für Lernen und Veränderung empfunden haben.“ Als Beispiel wird die Aussage eines CEO genannt: „Dies sind aufregende Zeiten … eine wunderbare Gelegenheit, neu über eine völlig andere Art des Wirtschaftens nachzudenken.“[3]

„Fast 80 Prozent der CEOs sind der Meinung, dass sie sowohl sich selbst als auch ihr Unternehmen verändern müssen.“
Aus der Studie „It starts with the CEO“ von Egon Zehnder

Die Studie kommt zu dem zentralen Ergebnis, dass die Kollision zwischen der Covid-19-Pandemie, Forderungen nach sozialer Gerechtigkeit und zunehmenden Umweltbedenken CEOs immens überfordert. Diese Herausforderungen kommen zusätzlich zu Megatrends, die alteingesessene Geschäftsmodelle durcheinanderbringen – der rasante technologische Fortschritt, sich schnell ändernde Kundenanforderungen, das Aufkommen neuer Wettbewerber. Dies alles erfordert von CEOs Innovationen in beispiellosem Tempo und Umfang. Anstatt Leistung und Transformation als Verpflichtung zu sehen, begreifen die CEOs, dass Transformation eine Leistung bedeutet. „Es ist eine kritische Zeit, darüber nachzudenken, wie die Zukunft aussehen sollte und wie wir als Führungskräfte zur positiven Gestaltung beitragen können. Wir werden diese schwächende Pandemie überwinden – aber wir werden uns mit den kolossalen Auswirkungen des Klimawandels befassen müssen. Dennoch verfügen wir über menschlichen Einfallsreichtum und Innovationen, die die Technologie zu neuen Höhen treiben und es uns ermöglichen, unvorstellbare Leistungen zu vollbringen – von denen vieles zum Guten genutzt werden kann“[4], fasst Ader zusammen.

Macher gesucht: Starten Sie die Disruption!

Bereits heute sind viele CEOs überzeugt von Innovationen und technologischem Fortschritt. Nur fehlt einigen die Guideline zur Umsetzung. Dabei hat der Ökonom John Maynard Keynes schon vor Jahrzehnten die Richtung aufgezeigt: „Die größte Schwierigkeit der Welt besteht nicht darin, Leute dazu zu bewegen, neue Ideen anzunehmen, sondern alte zu vergessen."[5] Es geht um ein völlig neues Denken. Weg vom Gewohnten und weg vom Mainstream. First Mover zu sein und sich von der Masse abzusetzen, war schon immer ein gutes Rezept für Erfolg. Das lehrt uns die Geschichte und zeigen aktuell Unternehmer wie Jeff Bezos oder Elon Musk. John F. Kennedy warnte bereits 1963 als amtierender US-Präsident in der Paulskirche in Frankfurt am Main: „Veränderung ist das Gesetz des Lebens. Und diejenigen, die nur in die Vergangenheit oder Gegenwart schauen, werden die Zukunft sicher verpassen."

Spätestens die Covid-19-Pandemie hat C-Level-Manager dazu gezwungen, flexibel auf unvorhersehbare Herausforderungen zu reagieren. Gemäß dem Nike-Slogan „Just do it" schickten viele Chefs ihre Teams von jetzt auf gleich ins Homeoffice. So mancher war selbst vom Erfolg überrascht und erinnerte sich an den Grundsatz, dass Mut oft belohnt wird. Kaum ein Manager hätte unter irgendwelchen anderen Umständen so schnell, konsequent und erfolgreich Mobile Work umgesetzt. Eine solch umfassende Maßnahme hätte bei den meisten Firmen erst zahlreiche Analysen, Belastungstests und Probeperioden, umfangreiche Schulungen und rechtliche Prüfungen erfordert. Das belegt, wie kompliziert Führungskräfte denken und handeln. Die Angst vor Fehlentscheidungen führt zur Lähmung, unterdrückter Dissens erstickt Innovationen im Keim und fehlender Mut lässt Chancen verpuffen.

Manager der Next Generation denken, führen und handeln anders. Nichtstun geht nicht, aber handeln und Fehler machen, das ist in Ordnung. Das sieht auch Carsten Knobel, Vorstandsvorsitzender von Henkel, so: „Flops gehören halt dazu", sagte er im November 2020 in einem Interview mit der „WirtschaftsWoche". Und: „Jeder CEO muss optimistisch mit Rückschlägen umgehen können."[6] Er engagiert sich für eine offene Fehlerkultur – die Vorstandsetage eingeschlossen. VW-Lenker Herbert Diess geht noch weiter: „Rückschläge stärken den Charakter"[7], lautet seine Devise.

Das schnelle und unkomplizierte Handeln in der Pandemie war nicht nur notwendig, es führte auch zu einigen positiven Entwicklungen in der Unternehmensführung, die bis heute nachwirken. Zum einen ist der Wagemut von Unternehmenslenkern deutlich gestiegen und damit ihre Bereitschaft, Maßnahmen ohne kostspielige und zeitaufwendige Analysen umzusetzen. Zum anderen haben Manager Lust an Veränderung bekommen. Sie realisieren, dass Veränderungen nicht unbedingt problematisch und schwierig sind, sondern die hervorragende Möglichkeit bieten, die Entwicklung von Unternehmen und ganzer Gesellschaften mitzugestalten. Genau jetzt haben Manager die Chance, einen Wandel in der Gesellschaft aktiv, mit Weitblick und Intellekt zu fördern – eine wunderbare Ausgangslage für Führungskräfte mit Charakterstärke.

„Jeder CEO muss optimistisch mit Rückschlägen umgehen können."

Carsten Knobel, Vorstandsvorsitzender Henkel

Das Beispiel Mobile Work hat bewiesen, dass Veränderung nicht jahrelang geplant werden muss, sondern dass Entscheidungen auch ohne doppelten Boden getroffen werden können. Die Auswirkungen sind so positiv, dass Mobile Work zumindest teilweise ein dauerhaftes Angebot bleiben muss, soweit die Geschäftstätigkeit das zulässt. Ganz verzichten auf die Anwesenheit ihrer Mitarbeiter wollen die meisten Unternehmen aber nicht. Sie stoßen bei entsprechenden Vorgaben jedoch auf wenig Gegenliebe. Der Versicherer Allianz zum Beispiel hat seine Mitarbeiter im August 2021 in die Büros zurückgerufen und wollte eine Anwesenheitsquote von 50 Prozent erzielen. Doch nur jeder fünfte Angestellte ist laut Allianz dem Ruf gefolgt. Das ist kein nationales oder temporäres Problem. Apple-Lenker Tim Cook forderte seine Büroangestellten auf, an drei Tagen in der Woche im Büro zu erscheinen und erfuhr weltweit Ablehnung und sogar Empörung.

Mitarbeiter haben schnell die Vorzüge von Mobile Work für sich entdeckt, sodass diese Möglichkeit inzwischen ein substanzielles Asset im Recruiting und bei der Mitarbeiterbindung darstellt. Denn – und das ist auch eine gesellschaftliche Entwicklung – der Kampf um Fachkräfte und ausgezeichnete Arbeitnehmer ist in vollem Gange. Der „War for Talents" ist ein ständiges Thema auf der Agenda der Unternehmenslenker. Daher drehen erste Unternehmen das Rad kreativ weiter. Seit Oktober 2021 bietet Vodafone das Full Flex Office an. Mitarbeiter können im Wochenturnus entscheiden, ob sie im Büro oder im Homeoffice arbeiten – unabhängig von der Anzahl der Tage. Und wer lediglich Büroarbeit macht, kann seinen Arbeitsplatz an 20 Tagen im Jahr ins EU-Ausland verlagern und so die Zeit am Urlaubsort verlängern.

Next Normal: Employee Centricity

Was Vodafone mit dieser Neuerung konsequent umsetzt, ist Mitarbeiterzentrierung. Der Begriff „Employee Centricity" ist nicht so geläufig wie Kundenzentrierung, aber mindestens genauso wichtig. Charles Handy, Wirtschaftsphilosoph und Executive-Berater, sagte im Interview mit dem „Harvard Business Manager": „Die Hauptaufgabe einer Organisation ist, ihre Mitarbeiter weiterzubilden und auf den aktuellen Stand zu bringen. Die Technologie ermöglicht ihnen, viel mehr zu erreichen." Handy erwartet eine zentrale Einbindung aller Mitarbeiter und plädiert für mehr Freiheiten statt Kontrolle: „In Zukunft werden Organisationen aus relativ selbstständigen Mitarbeiterzellen bestehen, die versuchen zu wachsen und sich zu verbessern. Manager werden lernen müssen, erstens ihren Mitarbeitern zu vertrauen und zweitens auf dem Laufenden zu sein, was um sie herum geschieht. Informationen werden dabei eine ganz entscheidende Rolle spielen", so Handy[8].

Kultur und Charakteristik einer Organisation werden künftig nicht mehr vom Management oder von Personalverantwortlichen vorgegeben, sondern von Mitarbeitern gestaltet. Diversity, Inklusion und Female Leadership sind nur drei der dominierenden Themen. Offerten an die Mitarbeiter dürfen nicht mehr aus der Human-Resources-Perspektive initiiert werden; es sind vielmehr die Beschäftigten selbst, die ihre Bedürfnisse formulieren und deren Erfüllung einfordern. Diese Entwicklung ist die interne Parallele zur Kundenzentrierung, wo der Konsument das Angebot bestimmt. Nur wer die Mitarbeiter ins Zentrum des Handelns rückt und sie als den wahren Wert einer Organisation erkennt, wird dauerhaft die Toptalente überzeugen können.

> „Manager werden lernen müssen, erstens ihren Mitarbeitern zu vertrauen und zweitens auf dem Laufenden zu sein, was um sie herum geschieht."
> *Charles Handy, Wirtschaftsphilosoph und Buchautor*

Der drohende Fachkräftemangel kommt in Warp-Geschwindigkeit auf Unternehmen im gesamten Universum zu. Nach Angaben der Bundesagentur für Arbeit wurden im November 2021 etwa 1,2 Millionen Arbeitskräfte gesucht, davon zwei Drittel Fachkräfte.[9] Befragungen von Unternehmenslenkern wirken wie ein Weckruf: 55 Prozent der Unternehmen in Deutschland sehen den Fachkräftemangel bereits heute als Geschäftsrisiko und mehr als 350 Berufsgruppen sind schon jetzt mit Engpässen konfrontiert. Tendenz: rasant steigend. Eine Untersuchung der Bertelsmann-Stiftung vom Oktober 2021 ergab, dass zwei Drittel der Unternehmen schon unter Personalengpässen leiden. Am größten sei das Problem auf der mittleren Qualifikationsebene und es werde sich schnell verschärfen.[10] „Die Arbeiterlosigkeit ist die größte Herausforderung des 21. Jahrhunderts", warnt Dr. Sebastian Dettmers, CEO von Stepstone. Und bekennt selbstkritisch: „Der Arbeitsmarkt ist einer der am stärksten unterdigitalisierten und dysfunktionalen Märkte."[11]

Personaler sind gefordert, Recruitingprozesse und Onboardings so zu gestalten, dass Kandidaten sich für ihr Unternehmen entscheiden und an Bord bleiben. Obstkorb und Kaffeevollautomat sind keine überzeugenden Kriterien mehr. Heutzutage fordern Talente bereits bei der Bewerbung klare Informationen über Arbeitsplatz, Team und die Kultur, um für sich zu entscheiden, ob sie sich bei diesem Unternehmen langfristig wohlfühlen könnten. Die Einbindung der Mitarbeiter über eine transparente Kommunikation, laterale Führungskonzepte, agile Arbeitsmethoden, Weiterbildungen, Anerkennung der Leistungen, Wertschätzung und ein respektvolles Miteinander sind ebenso wichtige Kriterien für Bewerber wie Gehalt und Position. Sie erwarten Verantwortung vom Management und den Eigentümern – soziales und gesellschaftliches Engagement sind inzwischen zentral bei der Entscheidung für oder gegen einen Job.

Kultur ist Motor der Strategie

Die gestiegenen Anforderungen von Mitarbeitern und Bewerbern, gepaart mit der nicht planbaren Entsendung ganzer Belegschaften ins Homeoffice – all das war und ist eine ungeahnte Herausforderung für Führungskräfte und Kommunikatoren. Führung auf Distanz erforderte vielerorts eine Neuausrichtung der internen Kommunikation und deren entsprechende Priorisierung. Von jetzt auf gleich mussten alle Mitarbeiter Orientierung erhalten und permanent, am besten zeitgleich, über Prozesse und wichtige Entwicklungen informiert werden.

Die entscheidende Aufgabe der Führungsriege während der Status-quo-Analyse: den Teams deutlich zu machen, wie die Krise mit geringstmöglichem Schaden bewältigt werden konnte und Prozesse ohne die physische Anwesenheit der Mitarbeiter erfolgreich erledigt werden können. Viele Fragen standen plötzlich im Raum. Werden Mitarbeiter, Kunden und Geschäftspartner ausreichend geschützt und bleiben sie von schweren Krankheitsverläufen verschont? Können Entlassungen und Kurzarbeit vermieden werden? Sind wirtschaftliche Verluste kompensierbar? Welche Vorkehrungen werden für derart unerwartete Situationen getroffen? Gibt es eine sichere Zukunft für das Unternehmen? Und wie sind die längerfristigen Pläne des Managements? Die angemessene Beantwortung dieser Fragen war eine Höchstleistung exzellenten Managements – die ehrliche, empathische und offene Kommunikation vieler Manager konnte Schlimmeres verhindern und manchen Schaden in Grenzen halten. Diese Leistung ist jedoch leider nicht jedem Führungsteam gelungen.

Eine lebendige und vorbildliche Kultur ist das Ziel von CEOs und Personalverantwortlichen – sie bildet die Basis für den Erfolg und jedwede Change-Prozesse. Deswegen darf Kultur nicht nur das Thema von Personalverantwortlichen sein, sondern kommt regelmäßig in der C-Suite auf die Agenda. In Krisenzeiten und Veränderungsprozessen bildet eine gute Unternehmenskultur die Grundlage für Flexibilität und Mobilität. Die Kultur wird jedoch nicht von oben geführt, sondern ergibt sich aus dem Miteinander der Teams. Deswegen ist so es wichtig, richtungsweisende Werte und die damit verbundene Haltung vorzuleben, damit sich Mitarbeiter daran orientieren können. Unternehmenskultur ist ohne Kommunikation nicht denkbar. Kultur ist der Motor, Dialog der Treibstoff.

Ein von uns beratener Manager sagte, er habe sich durch den aktiven Austausch in der Krise so verbunden wie noch nie mit seinen Mitarbeitern gefühlt und werde keinesfalls zu seiner zurückhaltenden Kommunikation zurückkehren. Die Teams hätten sich, ausgelöst durch seine Einbindung und sein ehrliches Interesse, stark engagiert und ihm eine stabile, von Vertrauen geprägte Basis gesichert. Mit diesem Rückhalt, zu dem aber auch Kritik und Anregungen zählten, habe er weitreichende Entscheidungen besser treffen können als durch Empfehlungen hochbezahlter Unternehmensberater. Zudem war er sicher, dass das Arbeitsklima sich in vielerlei Hinsicht verbessert habe, nicht nur situativ, sondern vor allem im Handeln der Gemeinschaft. „Wir haben mehr Teamgeist und Zusammenhalt als durch alle Anstrengungen jemals zuvor", resümierte er.

Zudem setzte dieser Manager darauf, das soziale Miteinander zu stärken, damit nicht Einzelne in die Isolation abdrifteten. Dazu hatte er auf unsere Empfehlung Formate wie den virtuellen Coffee-Break innerhalb der Abteilungen als Ersatz für den Flurfunk, den Innovation-Lunch mit dem Change-Team und die Open-Door-Hours in der C-Suite eingeführt. Dieser Manager hat die Chancen, die in der Krise liegen, erkannt und zu seinem Vorteil ebenso wie dem des gesamten Unternehmens genutzt. Sein Credo: „Vielfalt statt Einfalt und Individualität statt Konformität". Tatsächlich sprintete der Employer Net Promoter Score (ENPS), der die Weiterempfehlung des Arbeitgebers durch Arbeitnehmer misst, bei der nächsten Befragung auf eine historische Bestmarke. Das belegt eindrucksvoll: Wertschätzende und involvierende Kommunikation bewirkt unternehmerischen Erfolg.

Challenge: Führung auf Distanz

Führung auf Distanz ist zwar schon länger ein Thema in internationalen Managementetagen, aber die plötzliche Notwendigkeit durch die Pandemie überraschte selbst erfahrene Führungskräfte. Das Arbeiten im Homeoffice – ob ganz oder teilweise – erfordert eine besondere Art der Führung und vor allem Kommunikation. Insbesondere bei dezentral arbeitenden Teams rückt die intrinsische Motivation in den Fokus. Deren Bedeutung hebt der Jurist, Autor und Journalist Daniel H. Pink in seinem Bestseller „Drive" hervor.[12] Er kommt zu dem Ergebnis, dass Motivation von drei Faktoren abhängt: Selbstbestimmung, Perfektion und Sinnerfüllung.

Führungskräfte sind angehalten, entsprechende Verantwortlichkeiten und Freiheiten zu schaffen und Mitarbeiter methodisch sowie individuell zu motivieren. Entscheidend ist der Grundsatz, dass Kommunikation und Führung nicht nur eine Richtung kennen. Zuhören und Anregungen aufnehmen sollte jeder Leader beherrschen. Dabei dürfen die „stillen Mitarbeiter" nicht übersehen werden, die eine stringente Führung brauchen. Kommunikatoren und Führungskräfte müssen dafür sorgen, dass auch diese Beschäftigten weiter wahrgenommen werden. Das betrifft zum Beispiel besonders stark Frauen, die laut Studien bevorzugt das Homeoffice wählen. Sind sie im Daily Business nicht mehr sichtbar, könnte das im Worst Case den Trend zu mehr Frauen in Führungspositionen ausbremsen. Vor einer weiteren Gefahr warnt Leadership-Berater Ralf H. Komor: „Führungskräfte entwickeln unterbewusst sogenannte Proximity Bias. Dabei handelt es sich um ein kognitives Phänomen, bei dem Führungskräfte die Mitarbeiter vor Ort als produktiver, motivierter und ehrgeiziger wahrnehmen als die Kollegen im Homeoffice."[13] In der Folge kommt es dann oft zu einer Bevorzugung der Anwesenden bei Aufgabenverteilung, Gehaltsverhandlungen und Aufstiegschancen.

Unsere mobile Arbeitsweise, die durch die Pandemie auf ein neues Level gehoben wurde, birgt weitere Risiken – und das nicht nur für Führungskräfte. Wo fängt der Job an und wann hört er auf? Der Begriff „Work-Life-Blending" steht für das geräuschlose Verschmelzen von Privatleben und Beruf. Arbeite ich, wenn ich abends noch einmal aufs Diensthandy schaue oder mir die aktuellen Posts meines Arbeitgebers in den sozialen Medien durchlese? Oder ist das Freizeit? Work-Life-Blending ist kein Buzzword, sondern gelebte Praxis. Das Meinungsforschungsinstitut YouGov hat 2021 mehr als 750 Akademiker befragt, inwieweit sie in ihrer Freizeit berufliche Aufgaben wahrnehmen. 22 Prozent gaben an, etwa einmal im Monat am Wochenende unaufgefordert zu arbeiten. Jeder Fünfte arbeitet sogar einen Tag an jedem Wochenende und die Hälfte aller Mitarbeiter beantwortet Anrufe und E-Mails in ihrer Freizeit, jeder Achte sogar täglich.[14]

Muss die Führungskraft hier eingreifen? Schließlich gehört zu modernem Leadership neben der rechtlich verankerten Fürsorgepflicht die soziale Verantwortung für die Teams. Seit mehreren Jahren positionieren die Deutschen Gesundheit auf Platz 1 des jährlich ermittelten „Werte-Index" des Forschungsteams Kantar um Trendforscher Peter Wippermann. Nach Familie und Freiheit kommt erst auf Platz 4 der berufliche Erfolg als Ziel. Das heißt, die Mitarbeiter legen nachweislich, auch in 3,3 Millionen Social-Media-Postings, größten Wert auf eine gesunde Work-Life-Balance.[15]

Stand-by-Kommunikation macht krank

Ständig auf Stand-by zu sein, macht krank. Die Vermischung von Arbeit und Freizeit nimmt immer mehr zu, insbesondere durch die intensive Nutzung neuer Kommunikationstechnologien. Eine Umfrage des High-Tech-Verbands Bitkom ergab im Sommer 2021, dass 88 Prozent der Berufstätigen ständig erreichbar sind, auch außerhalb der regulären Arbeitszeiten.[16] „Eine Trennung zwischen Arbeit und Privatleben gibt es für die meisten Berufstätigen nicht mehr“, sagte der ehemalige Bitkom-Präsident Dieter Kempf. Auch hier sind Führungskräfte gefordert.

Via Social Media und Messenger kommunizieren wir in Echtzeit – privat wie beruflich. Mobile Apps fürs Intranet sind seit Jahren State of the Art und erhöhen die Mitarbeiterzufriedenheit zusehends. Intranets auf dem Smartphone boomen. Um eine hohe Akzeptanz zu erzielen, steht neben einer simplen Usability einer Intranet-App die Relevanz der Themen im Fokus. Informationen zu Strategien und Maßnahmen sowie zu Entwicklungen der Geschäftstätigkeit werden als Einbindung und Vertrauen, als Wertschätzung und Teilhabe gewertet. Leere Phrasen und Lobhudelei bewirken das Gegenteil. Wie erfolgreich eine App letztendlich ist, hängt also von denjenigen ab, die sie mit Leben füllen, und das sind meist die Kommunikatoren. Engagiert sich der CEO selbst, ist eine höhere Akzeptanz vorprogrammiert. Über Messenger-Chats können schnell und unkompliziert Dialoge geführt werden. Das nehmen Mitarbeiter als Nähe wahr und vertrauen umso mehr der Unternehmensführung.

> „Eine Trennung zwischen Arbeit und Privatleben gibt es für die meisten Berufstätigen nicht mehr.“
>
> *Prof. Dieter Kempf, ehem. Präsident Bitkom*

Mit mobilem Arbeiten – von wo auch immer – rückt der Dialog stärker ins Zentrum allen Handelns. Unternehmen, die nur in eine Richtung kommunizieren und so den seit langem überholten Top-down-Ansatz priorisieren, werden es schwer haben. Ebenso die Silo-Denker. Die Mitarbeiter sind informiert, sie wollen mitreden, und das nicht mehr nur über den Betriebsrat. Wenn nötig, verschaffen sie sich über externe Kanäle Gehör. Im Juli 2020 berichtete Li Cohen für CBS News: „Mit Plattformen wie Snapchat, Instagram, Twitter und TikTok ist die Generation Z in der Lage, die digitale Welt bestmöglich zu nutzen, um Aktivismus zu revolutionieren.“[17] Manager tun gut daran, ihren Mitarbeitern frühzeitig zuzuhören. Sie können wichtige Vorteile daraus ziehen und im besten Fall öffentliche Kritik vermeiden.

Klimawandel bestimmt das Narrativ

Bevor die Pandemie die deutsche Wirtschaft veränderte und CEOs dazu bewegte, ihre Resilienz zu stärken, beschäftigte ein anderes Thema die Manager und forderte eine teils neue Architektur der Corporate Communications: der Klimawandel. Angesichts der dramatischen Entwicklung des globalen Klimas waren ESG – das Akronym steht für Environmental, Social, Governance –, Werte und Purpose sowie soziale Verantwortung fortan entscheidende Themen für Kommunikationsverantwortliche. Der Klimawandel rief Organisationen wie Fridays for Future auf den Plan und NGOs wie Greenpeace oder Oxfam fanden weltweit so viel Gehör wie nie zuvor. Die Gen Z – die Gruppe der zwischen 1995 und 2012 Geborenen – wurde laut und verlangte Antworten. Manche NG-Organisationen nutzten sogar Fake News und gefälschte Bilder, um massiv Druck auf Politik und Wirtschaft sowie einzelne Unternehmen zu erzeugen. So postete die Organisation „Fridays for Future" 2018 Bilder eines Protests und erwähnte große Menschenmengen. Andere Bilder der Bayer AG belegten, dass es sich lediglich um eine kleinere Gruppe handelte, der Platz, auf dem die angemeldete Demonstration stattfinden sollte, war weitgehend leer. Mit diesem Post entkräfteten die Bayer-Kommunikatoren die Dynamik des Protestes.

Trotzdem war das allgemeine Echo auf die Aktionen in den Medien enorm und Unternehmen wurden massiv gedrängt, dem Klimawandel aktiv etwas entgegenzusetzen. Dieser Druck lässt natürlich nicht nach und jeder kluge CEO weiß, dass er reagieren muss. Das sollte er jedoch aus einer bestimmten Motivation heraus tun: nicht um auf den öffentlichen Druck zu reagieren, sondern um die Legitimation und die Zukunft seines Unternehmens zu sichern. Lea Manthey, Direktor Marketing von Meltwater, weiß: „Einer der größten Fokuspunkte derzeit ist das Thema Nachhaltigkeit. Es geht nicht mehr nur darum, die Reichweite der eigenen Marke zu messen, sondern auch die Positionierung von Mitarbeitern, Führungskräften und Brand im Kontext sozialer, politischer und ökologischer Nachhaltigkeit zu verstehen."[18]

Deutschland ist Vorreiter in Sachen Klimaschutzpolitik. Der Umweltschutz ist bereits seit 1994 im Grundgesetz verankert. Im Herbst 2016 formulierte die Bundesregierung als eine der ersten Nationen im „Klimaschutzplan 2050" ehrgeizige Ziele zur Erreichung der Treibhausgasneutralität.[19] Das daraus resultierende Klimaschutzpaket verabschiedeten Bundestag und Bundesrat 2019 beziehungsweise 2020 und verpflichteten sich auf Einsparziele und Emissionsgrenzen im Verkehr, in der Industrie, in der Landwirtschaft und bei Immobilien. Als Deutschland sich zur CO_2-Reduktion verpflichtete, kamen populäre Aktivisten wie Greta Thunberg noch ihrer Schulpflicht nach. Dennoch haben Klimaaktivisten in jüngster Vergangenheit mit Rückenwind von Medien und NGOs als einflussreiche Verstärker in der Kommunikation gewirkt.

Auch wenn Nachhaltigkeit schon seit vielen Jahren ein Thema für Politik und Wirtschaft war, bewirkten die Massenproteste vorwiegend jüngerer Menschen doch einen starken Handlungsdruck, flächendeckend über Branchen und Nationen hinweg schneller einen sichtbaren Beitrag zum Schutz der Umwelt zu leisten. In vielen Chefetagen stand ESG ohnehin schon regelmäßig auf der Agenda, aber jetzt macht die Öffentlichkeit zusätzlichen Druck. Und sie erwartet Antworten. Das ökologische Bewusstsein ist bei der Mehrheit der Verbraucher inzwischen sehr ausgeprägt.

Der Klimawandel wird gerne als zentrales Thema des 21. Jahrhunderts beschrieben und man sollte ihm auch keine geringere Bedeutung beimessen. Doch obwohl die Wichtigkeit des Themas außer Frage steht, tun Länder und ihre Industrien und Wirtschaften noch viel zu wenig. Die Maßnahmen zum unternehmerischen Klimamanagement haben sich in den vergangenen Jahren zwar dynamisch entwickelt, aber es gibt noch immer kein klares, globales Commitment. Auch die Regulierung hinkt hinterher. Was Organisationen konkret tun, zeigt deutlich, wie unterschiedlich ihre Ansprüche in Sachen Klimaschutz sind, und auch die Kommunikation ihrer Maßnahmen gelingt nur unzureichend. Während manche Organisationen lediglich ihren CO_2-Verbrauch dokumentieren und über günstige Kompensationszertifikate ausgleichen, ändern andere ihre gesamte Kultur und ihren Purpose. Ein Jahr für Jahr auf 100 und mehr Seiten Papier gedruckter Nachhaltigkeitsbericht reicht nicht aus – im Gegenteil ist ein Hardcopy-Nachhaltigkeitsbericht ein Widerspruch in sich. Die Otto Group und Henkel brachten schon in den 1990er Jahren die ersten Reports heraus. Das Thema Nachhaltigkeit ist also nicht neu.

Unternehmenslenker müssen keine Berichte schreiben, sondern sämtliche Prozesse hinterfragen, Produktionsabläufe verändern, den Verbrauch von Ressourcen reduzieren und CO_2-neutral arbeiten. Doch es hakt. CEOs betrachten sich durchaus selbstkritisch, etwa in der Bain & Company-Studie „Von Haltung zu Handlung“ vom November 2021[20]. „Mit den bisherigen Handlungen sind sie nicht wirklich zufrieden und sehen noch viel Spielraum nach oben“, schreiben die Autoren der Studie. „Seit 50 Jahren mahnen wir Klimaschutz an. Regierungen weltweit konnten sich bislang auf keine gemeinsame Klimapolitik verständigen. Nun sind Markt- und Meinungsführer gefordert, mit gutem Beispiel voranzugehen und möglichst viele Nachahmer zu gewinnen“, sagte Joachim Wenning, Chef der Münchener Rückversicherung, im April 2021 vor Anteilseignern. „Wir müssen systemische Risiken künftig besser bewältigen“[21], mahnte er und forderte eine engere Zusammenarbeit von Regierungen, Unternehmen und Gesellschaft.

Um grundlegende Maßnahmen für den Klimaschutz umzusetzen, müssen Unternehmen zunächst sämtliche Stakeholder überzeugen; die mit den Maßnahmen einhergehende notwendige Transformation gibt es nun mal nicht zum Nulltarif. Wie Forscher des University College London und der Organisation Carbon Disclosure Project (CDP) 2020 errechneten, könnte bis zum Jahr 2070 der Klimawandel 4,6 Billionen Euro kosten. Tendenz: stark steigend. Kommt es nicht zu gravierenden Veränderungen, würden die Treibhausgase bis zum Ende dieses Jahrhunderts eine Erderwärmung von 4,4 Grad bewirken. Massive Naturkatastrophen mit verheerenden Schäden wären die Folge. 2019 gab es 848 klimabedingte Naturkatastrophen, 50 Prozent mehr als zehn Jahre zuvor. Sollte die internationale Gemeinschaft das Pariser Klimaabkommen von 2015 erfolgreich umsetzen und bis 2050 die Erderwärmung unter 2 Grad halten, beliefen sich nach Berechnungen der Forscher die Kosten auf 1,8 Billionen US-Dollar im Jahr 2070.[22]

Sowohl langfristige Klimaveränderungen wie die Steigerung der weltweiten Durchschnittstemperaturen als auch häufigere und stärkere Extremwetterereignisse werden sich zusätzlich zu ohnehin vorhandenen Risiken entlang der unternehmerischen Wertschöpfungskette auswirken und dabei Beschaffungs-, Prozess-, Nachfrage- und Managementrisiken vergrößern. Auch CEOs müssen raus aus der Komfortzone; oftmals lohnt sich dafür der Blick von der Metaebene oder ganz von außen auf das Unternehmen. Die Weltallperspektive zeigt die Wünsche von Kunden, Investoren und anderen externen Stakeholdern viel klarer und schärfer.

Greenwashing ist Reputationskiller

„Betroffenheiten bei Unternehmen entstehen einerseits dann, wenn sie von wichtigen Vorprodukten über wenige Zulieferer abhängig sind oder wenn sich die Verfügbarkeit von schwer zu ersetzenden Vorleistungsgütern ändert", heißt es beim Umweltbundesamt und: „Andererseits kann der globale Klimawandel Unternehmen auch dann betreffen, wenn sie von wenigen Absatzmärkten abhängig sind, die jedoch ihrerseits vulnerabel sind."[23] Weltweite Handelsverflechtungen bedeuten für die deutsche Wirtschaft als Exportweltmeister schon in den kommenden Jahren hohe Klimarisiken. Schlüsselindustrien der deutschen Wirtschaft wie Automobilbau, Maschinenbau und Chemieindustrie sind laut Umweltbundesamt davon potenziell besonders betroffen, dafür verantwortlich seien insbesondere Engpässe in der Lieferkette. Die Frage ist nun: Wie sollen Unternehmenslenker Eigentümern, Kunden und Mitarbeitern erklären, warum sie dem nicht rechtzeitig entgegenwirken konnten?

Das Engagement von Unternehmen und Organisationen in puncto Klimawandel ist nicht selbstlos, sondern liegt in deren eigenem Interesse. „Wir konzentrieren uns auf Nachhaltigkeit, nicht weil wir Umweltschützer sind, sondern weil wir Kapitalisten und Treuhänder unserer Kunden sind", schrieb Larry Fink, CEO des weltgrößten Asset-Managers BlackRock, 2022 in seinem jährlichen „Letter to the CEOs"[24]. Manche Organisationen deklarieren ihr soziales beziehungsweise Klimaengagement ganz ohne Selbstnutzen, manche Unternehmen setzen ihr altruistisches Engagement als eine Art Label ein, um ihre soziale Verantwortung für die Gesellschaft hervorzuheben. Doch sie werden letztlich nur an Glaubwürdigkeit verlieren, denn dieses Vorgehen ist allzu leicht durchschaubar. Greenwashing und auch Pinkwashing (in Bezug auf das Thema Diversität) können dem Ansehen eines Unternehmens oder einer Organisation massiv schaden. Schönfärberei oder das Vortäuschen einer nicht wirklich gelebten Haltung sind wahre Reputationskiller.

Auch Banken, die sich scheinbar selbstlos für den Klimaschutz einsetzen, handeln aus Eigeninteresse. Sie sind von der Erderwärmung und allen weiteren Auswirkungen der Klimakrise zwar nicht sofort erkennbar, aber doch unmittelbar betroffen. Wie die Beratungsgesellschaft zeb in ihrer „European Banking Study 2020" schreibt, wird „der Bankensektor mit physischen Risiken sowie mit Übergangsrisiken konfrontiert werden. Die Auswirkungen auf die Geschäftsmodelle der Banken werden spürbar, sowohl direkt (zum Beispiel über Kreditausfälle) als auch indirekt (etwa über höhere Refinanzierungskosten für nicht nachhaltige Institute)".[25] Der Druck, notwendige Maßnahmen für den Klimawandel schnellstmöglich umzusetzen, kommt also nicht nur aus der Öffentlichkeit, sondern genauso aus den Unternehmen selbst.

Shared Value überholt Shareholder-Value

Investoren suchen längst nach Unternehmen mit verantwortungsbewusstem Management und überzeugenden Werten. Sie verlangen ein ausgeprägtes Engagement für die Umwelt; und sie sind durchaus in der Lage, zwischen ehrlichem Engagement und Greenwashing zu unterscheiden. Shareholder-Value wird ergänzt durch Shared Value. Oder besser: Shared Value überholt Shareholder-Value. Investoren fordern heute beides, wobei Shared Value immer mehr Gewicht in Entscheidungsprozessen einnimmt. Diese Entwicklung wird sich in den kommenden Jahren noch verstärken. Entsprechend müssen CEOs ihren Managementstil anpassen. Es geht nicht mehr allein um stetig steigenden Gewinn, es geht immer mehr auch um den Sinn und Zweck. Letztendlich hängt die Zukunft der Unternehmen davon ab.

Zahlreiche Initiativen und Grundsätze von Investmentgesellschaften geben den Trend seit Jahren vor, dennoch geht es vielen Managern immer noch vorrangig darum, noch mehr Gewinn zu erzielen. Larry Fink, CEO von BlackRock, schrieb schon 2018 in seinem viel beachteten „Letter to the CEOs"[26], dass finanzieller Erfolg nur ein Teil des Puzzles für Unternehmen auf der BlackRock-Watchlist sei. Er erwarte, dass Unternehmen einen positiven Beitrag für die Gesellschaft leisteten, als Ergänzung zu den Assets für Aktionäre, Mitarbeiter und Kunden.

In der Branche bewirkten Finks Zeilen und der große Zuspruch von Wissenschaftlern und Wirtschaftsprominenz ein Umdenken. Zahlreiche Investmenthäuser schlossen sich ihm umgehend an, weitsichtige Unternehmenslenker änderten entsprechend ihre Strategien. ESG hatte seinen Ursprung jedoch schon viel früher. Um nur ein Beispiel zu nennen: Die Kreditanstalt für Wiederaufbau KfW berichtet auf ihrer Website: „Seit 2008 beziehen wir neben der Bonitätseinschätzung der Emittenten auch deren Nachhaltigkeitsbewertung anhand von ESG-Kriterien in unsere Investitionsentscheidungen für das Liquiditätsportfolio ein."[27]

Nur jeder zweite CEO verantwortet Nachhaltigkeit

Je mehr Organisationen die Dramatik des Klimawandels erkennen und entsprechend handeln, desto wahrscheinlicher ist es, dass sie diese Herausforderung auch meistern können. Neutralität ist schlicht zu wenig. Laut der Nachhaltigkeitsstudie 2020 von Russel Reynolds, „Leadership for the Decade of Action", verfügen nur 43 Prozent der C-Level-Führungskräfte über eine Nachhaltigkeitsstrategie, die umgesetzt und klar kommuniziert wird. Nur 51 Prozent gaben an, dass sich ihr CEO persönlich für die Förderung der Nachhaltigkeit einsetzt und dass organisatorische Fortschritte erzielt wurden.[28] „Nachhaltige Führung ist mehr als nur wünschenswert. Sie ist eine zwingende und entscheidende geschäftliche Anforderung, derer sich die Beteiligten weltweit immer bewusster werden"[29], resümierte Clarke Murphy, damaliger Chief Executive Officer von Russell Reynolds Associates, bei Vorstellung des Berichts, den das Unternehmen gemeinsam mit dem Global Compact der Vereinten Nationen erstellt hat. Lise Kingo, bis 2020 CEO und Executive Director des UN Global Compact, bringt es auf den Punkt. „Soll die Welt verändert werden, muss sich die Führung verändern."[30]

Klare Strategien, überzeugende Maßnahmen und konsequente Taten sind jetzt gefordert. Eine klare Strategie hat zum Beispiel Unilever. Dessen CEO Alan Jope führte im September 2021 in einem Bericht aus: „Unser Ansatz ist so einfach wie ambitioniert. Nachhaltiges Wirtschaften hat keine strategische Priorität. Es ist unsere Strategie. Es ist unsere Priorität, festgehalten in dem, was wir den Unilever-Kompass nennen, eine klar artikulierte Absicht, zu zeigen, dass nachhaltiges Wirtschaften zu überlegener Leistung führt. Der Kompass definiert alles, was wir tun. Die Prioritäten, die wir setzen. Die Investitionen, die wir tätigen. Die Leute, die wir suchen. Die Unternehmen, die wir erwerben. Mit anderen Worten, es ist ein wirklich integrierter Ansatz, ein roter Faden, der sich durch das gesamte Unternehmen zieht."[31]

Ein integrierter Ansatz kann eine Disruption einläuten und ein kluger Kommunikator kann dieses neue Denken positiv darstellen – zum Beispiel so: „Haben wir nicht das große Glück, mit unserem Handeln Umwelt und Gesellschaft vor Gefahren zu bewahren und unseren Kunden und Mitarbeitern dabei helfen zu können, das Gleiche zu tun? Wir sollten diese Herausforderung mit hoher Motivation annehmen und gleichzeitig als Chance betrachten. Wir haben die Gelegenheit, Technologien und Prozesse zu entwickeln, die ökologisch und ökonomisch harmonieren. Wir sind die Zukunftsgestalter." Klingt diese Darstellung nicht gleich viel motivierender als das Aufzeigen düsterer Zukunftsszenarien? So wirkt Kommunikation!

Eher kritisch betrachten Michael Hüther, Direktor des Instituts der deutschen Wirtschaft, und Daniel Mack, Leiter Verkehrs-, Umwelt- und Digitalpolitik der Daimler AG, das Tempo der Wirtschaft in einem Beitrag der „Welt am Sonntag" im Oktober 2021. Dort heißt es: „Unsere Veränderungsgeschwindigkeit reicht nicht aus, um die für 2045 definierten Ziele zu erreichen. Es klemmt beim Ausbau der Infrastruktur, bei der Setzung des regulatorischen Rahmens und den Verfahren zur Planung und Genehmigung der Großprojekte, die nun einmal der Staat als Vorleistung zu erbringen hat." Die Wirtschaftsexperten fordern von der Politik, in den kommenden Jahren mit Innovationen zu überzeugen: „Deutschlands Geschäftsmodell der Zukunft ist nicht weniger zu wachsen, sondern klimaneutrale Anwendungen weltweit zu exportieren. Die Welt wartet nicht auf ein Deutschland, das sich kleinredet und sich im Schrumpfen gefällt, sondern auf ein Deutschland, das vorhandene Produkte besser macht, neue Lösungen entwickelt, anderen zur Verfügung stellt, in Europa als Technologieführer vorangeht und zum Beispiel dafür wird, wie sich Wohlstand und Wachstum vom CO_2-Ausstoß entkoppeln lassen."[32]

Die Kommunikationsregel „Tue Gutes und rede darüber" funktioniert bei emotional aufgeladenen Themen mit einer gewissen Dringlichkeit nur bedingt. Denn wenn das Management Gutes tut, wird in der Regel noch mehr von ihm verlangt. Verzichtet VW zum Beispiel ab 2035 auf die Herstellung von Verbrennern, wird diese Entscheidung nicht mit Anerkennung honoriert. Die Kritiker bemängeln vielmehr, dass der Konzern diese Umstellung nicht viel früher macht. Die Glaubwürdigkeit des Autobauers hatte im Zuge des weltweiten Dieselskandals ohnehin gelitten. Ein weiteres Beispiel ist die „Net Zero Banking Alliance". 55 Kreditinstitute aus 28 Ländern haben sich verpflichtet, ihre mit Investitionen und Krediten verbundenen CO_2-Emissionen in Übereinstimmung mit den Pariser Klimazielen auf Netto-Null (net zero) zu reduzieren, und zwar bis 2050. Wie sahen die Reaktionen der Öffentlichkeit auf diese Selbstverpflichtung aus? Nun, es gab nicht etwa Applaus oder Respekt, sondern Forderungen, dieses Ziel doch schon viel früher zu erreichen. Derartige Forderungen setzen auch Organisationen mit einem durchaus vorzeigbaren ökologischen Footprint unter Druck.

Social Responsibility ist keine starre Strategie

Für Organisationen und Unternehmen gilt: Nachhaltigkeit muss gelebt werden. Nachhaltiges Handeln ist Teil der Disruption. Manager sind dank ihrer Position in der Lage, die Unternehmensziele im Einklang mit den Interessen der Gesellschaft zu definieren und die Unternehmenskultur in diese Richtung zu leiten. Wenn eine Organisation weder gesellschaftliche Verantwortung übernimmt noch einen spürbaren Beitrag zum gesellschaftlichen Wohlergehen leistet, wird sich das unmittelbar auf den Geschäftsbetrieb auswirken. Denn Kunden und Investoren werden Konsequenzen daraus ziehen und solche Unternehmen ignorieren, wenn nicht sogar ächten.

Doch welche Kommunikationsstrategie ist nun die richtige? Zunächst erfordert die Kommunikation in Sachen Nachhaltigkeit, Klimaschutz und Co besonders viel Feingefühl und fachliche Kompetenz – etwa im Energie- und Technologiesektor. Social Responsibility ist keine starre Strategie, sondern muss aktiv gelebt und immer wieder kommuniziert werden. Im Grunde müssen Unternehmen sämtliche Prozesse hinterfragen, Produktionsabläufe verändern, den Verbrauch von Ressourcen reduzieren und CO_2-neutral arbeiten – und all das angemessen vermitteln. „Nicht nur für CEOs, sondern auch für alle Kommunikationsprofis wird in den nächsten Jahren das Thema ESG-Kommunikation in den Fokus rücken“, meint Thomas Lüdeke, Chef der auf Kommunikation und Marketing spezialisierten Personalberatung PRCC aus Düsseldorf.[33]

Nackte Finanzkennzahlen geraten kommunikativ in den Hintergrund, Sustainability-Engagement und Social Responsibility rücken in den Fokus. Wir brauchen kaum noch Zahlenkommunikatoren und stattdessen mehr Storyteller! „Meine Rede auf der letzten Hauptversammlung drehte sich vorwiegend um das Thema Nachhaltigkeit. Zahlen kamen eher am Rande vor. Und das Feedback war positiv“, erzählte Vonovia-Chef Rolf Buch 2021 in einem Interview.[34] Die besonderen Ansprüche an glaubwürdige ESG-Kommunikation werden die Corporate Communications in Unternehmen maßgeblich verändern. Hier braucht es Topleute mit tiefen Fachkenntnissen, die technischen Fortschritt und eindeutige Fakten ebenso verständlich wie nachvollziehbar kommunizieren. Glaubwürdigkeit bewirkt einen Vertrauensgewinn, und das hat Priorität. Nur so kann die Organisation dem Vorwurf von „Greenwashing“ überzeugend begegnen. Der Ausbau der ESG-Bereiche kann durch den Abbau von Investor Relations kompensiert werden. Reine Zahlen können Controller liefern. Investorenthemen verschmelzen mit denen anderer Zielgruppen. Denn auch Ratingagenturen, Aufsichtsbehörden, Aktionäre und Analysten interessieren sich für Werte und Visionen. Ebenso wie Kunden, Mitarbeiter, Geschäftspartner und andere Stakeholder.

Trend zu Stakeholder-Targeting

Das Center for Corporate Reporting kommt in seiner jährlichen Studie 2020 zu dem Ergebnis: „Die Vorherrschaft der Berichterstattung mit Fokus auf den Kapitalmarkt gehört der Vergangenheit an. Die Zielgruppen werden diverser und damit die Informationsbedürfnisse. Der Dialog mit allen Stakeholdern gewinnt an Bedeutung."[35] Und: „Nachhaltigkeit beherrscht den gesellschaftlichen Diskurs und durchdringt den Unternehmensalltag. Im Rahmen des Geschäftsberichtes zieht dieses Thema zunehmend Aufmerksamkeit auf sich. Vertrauen in Nachhaltigkeit und die langfristige Perspektive zu steigern, ist das Ziel mit dem größten Bedeutungsgewinn."[36] Zahlen sprechen für sich und sind immer nur Vergangenheitswerte. Storys über Visionen und Innovationen, Purpose, Nachhaltigkeit und gesellschaftliche Verantwortung erzielen Sympathien, vorausgesetzt sie sind gut gemacht, glaubwürdig und inhaltlich gehaltvoll.

Kommunikatoren sollten ihre Botschaften nicht mehr für einzelne Zielgruppen oder mit Kanalblick aufbereiten. Das ist längst überholt. Heute bestimmen die Stakeholder selbst, welche Informationen sie wann, wo und wie abrufen. Stakeholder-Targeting ist für Kommunikatoren eine der großen Herausforderungen. Was bedeutet das in der Praxis? Es geht, kurz gesagt, um Themen und Relevanz. Dabei überschneiden sich die Kanäle immer mehr; Chief Communications Manager denken heute in Netzwerken. Social Media wird zunehmend auch für interne Botschaften genutzt, allem voran für demonstratives Lob. Das stärkt die Reputation. Ebenso werden LinkedIn, Twitter und Co eingesetzt, um eine positive Selbstdarstellung zu modellieren und Produkte wie Dienstleistungen zu bewerben. Kann man machen, wird aber durchschaut.

Eine unabhängige Berichterstattung über die Medien ist viel glaubwürdiger, aber auch kritischer. Journalisten lassen sich nicht instrumentalisieren, auch nicht für

Botschaften, die Unternehmen senden wollen. Sie betrachten die Storys ganzheitlich und im Idealfall mit einer konsequenten Neutralität. Dieser „Quality-Content“ hat ebenfalls keine einzelne Zielgruppe mehr, er wird genauso über soziale Medien verbreitet und online wie offline von unterschiedlichen Stakeholdern abgerufen. Das Nutzungsverhalten in den sozialen Medien wird sich in den kommenden Jahren derart verändern, dass auch hier Kommunikationsverantwortliche ihre Gewohnheiten komplett infrage stellen und Prozesse neu denken müssen. Darüber hinaus müssen sie sich intensiv mit digitalen Innovationen wie KI, Robotik und Virtual Reality beschäftigen und diese in ihre Strategie integrieren.

Allein die Digitalisierung stellt als zentraler Treiber wirtschaftlicher Innovationen CEOs und ihre Kommunikatoren vor eine regelrechte Sisyphusaufgabe. Digitalisierung verändert nicht nur Unternehmen, sondern gesamte Ökosysteme. Moderne Technologien, Algorithmen, das Metaverse und weitere Neuerungen verändern die Welt auf eine Weise, die sich die meisten Menschen vor wenigen Jahren nicht hätten vorstellen können. Vor allem Technologieunternehmen profitieren davon – aber auch andere, die sich die Digitalisierung zunutze gemacht haben, wie Onlinehändler Amazon, Musikvermarkter Spotify oder Beförderungsunternehmen wie Uber.

Digitalisierung ist der von CEOs meistgenannte Grund für Transformationen. Doch es mangelt an durchdachten und Erfolg versprechenden Strategien und konsequenter Umsetzungsdisziplin. Thorsten Dirks, ehemals CEO von Telefónica Deutschland und heute CEO von Deutsche Glasfaser, sagte schon 2015 beim Wirtschaftsgipfel der Süddeutschen Zeitung: „Wenn sie einen Scheißprozess digitalisieren, dann haben sie einen scheiß digitalen Prozess.“[37] Es besteht die akute Notwendigkeit, nicht nur zu digitalisieren, sondern auch Prozesse neu zu denken und die vollständige Disruption in Angriff zu nehmen.

Dr. Reinhold Bareiß, CEO der Digitalberatung Eagle Peak, berichtet aus seiner Praxis: „Mir begegnen ältere CEOs, die in ihrem Marktsegment technische First Mover sind, aber ihr Unternehmen oldschool mit Standardsystemen aufgebaut haben – wie ihre Wettbewerber auch. Schlägt man ihnen vor, in der Digitalisierung vorneweg zu gehen, blickt man in erstaunte Gesichter. Mit der Zeit schleicht sich eine marktbezogene Betriebsblindheit ein und es fehlt der ganzheitliche Blick.“ Die gute Nachricht: „Das ändert sich mit der jungen Unternehmergeneration. Sie ist anspruchsvoll, neugierig und offen für den Change. Damit stellt sie sich besser auf als ihre Vorgängergeneration und trennt gleichzeitig die Spreu vom Weizen unter den Anbietern."[38]

Daten treiben die Entwicklung

Stand heute haben viele Organisationen weder konkrete Pläne für eine strategische Neuausrichtung noch für eine effiziente Nutzung innovativer Technologien. Und schon gar nicht für eine Disruption. Auch wenn immer mehr Unternehmenslenker ihre Informationssysteme vernetzen und riesige Mengen an Daten in Clouds speichern – zur Nutzung einer automatisierten Steuerung sämtlicher Abläufe im Unternehmen, zur Prozessoptimierung und Effizienzsteigerung – , hinken zahlreiche Organisationen hinterher und nutzen diese Innovationen längst nicht so intensiv, wie es möglich wäre. Data-Mining als vermeintlicher Goldstandard steckt bei vielen Unternehmen wohl noch im Eisenerzzeitalter fest.

Kommunikationsverantwortliche verharren oft deshalb auf ihrem Leistungsniveau, weil ihre Organisation keine Entwicklung verlangt. Das Management ist zufrieden mit Website-Content, Text- und Bildnachrichten, hier und da ein paar Posts über Social Media und gelegentlich eine Pressemitteilung. Ein Podcast wird, ebenso wie das ein oder andere Video auf Youtube, als große Innovation gefeiert. Nach wie vor ist die klassische Website der Anker für die Geschäftstätigkeit von Unternehmen, zum Beispiel für Onlinehändler, Reisevermittler oder Banken. Das entscheidende Drehmoment ist jedoch die Veränderung des Kunden vom Consumer zum Prosumer. Das heißt, er lässt sich heute nichts mehr verkaufen, sondern ist informiert und weiß genau, was er kaufen will.

„Vom Kunden her denken! Es ist mein Unternehmen! Höchster Maßstab für mich und meine Mitarbeiter! Wirkung erzielen! Konzentration auf das Wesentliche! Mit weniger Mitteln mehr erreichen! Neu denken und vereinfachen! Rückgrat, Mut und Ausdauer! Aufrichtig sein! Positiv denken! So steht es in meiner E-Mail-Signatur. Und so versuchen wir es jeden Tag zu leben."[39] Dieses Statement ist nicht nur der Abschluss jeder Mail von VW-Lenker Herbert Diess, es füllt auch den Infokasten seines LinkedIn-Profils. Diess kommuniziert deutlich seine Art zu führen und nutzt dazu jede Gelegenheit.

Längst hat Künstliche Intelligenz auch in Marketing und Vertrieb neue Maßstäbe gesetzt und ermöglicht die individuelle Kundenansprache. Bestehende Kunden wie potenzielle Neukunden lassen sich zielgenau filtern und erreichen. Ob es dafür Geld in die Hand nimmt oder nicht: Die Wahrnehmung eines Unternehmens kann heutzutage schnell und massiv gesteigert werden. Doch Vorsicht: Der moderne Prosumer hat die Reihenfolge von „Angebot" und „Nachfrage" umgedreht und bestimmt selbst, welchen Absatzkanal er sexy findet und welchen nicht. Galten starke und global bekannte Marken früher als stabil und krisensicher, müssen Kommunikationsprofis heute die Marken regelmäßig aufladen und eine Customer-Journey bereitstellen, die besser erfahrbar und schneller erreichbar ist als beim Wettbewerber. Digitales Marketing wird ständig durch neue technische Innovationen vorangetrieben und muss fast in Echtzeit auf Trends und Kundenwünsche reagieren. Wer das nicht leisten kann, wird von neuen Wettbewerbern verdrängt. Ein kommunikatives Frühwarnsystem kann das verhindern und darüber hinaus ein Signal zum rechtzeitigen Handeln geben.

Die Geschäftswelt muss sich immer schneller an diese neue Art der Kommunikation anpassen und einzigartige Wege finden, um Verbraucher mit Handheld-Geräten, Wearables, Sensoren, Chips, Cloud-Infrastruktur, Big Data und allen Business-Intelligence-Tools zu erreichen. Dazu braucht es Teams, die sich im Metaversum wohlfühlen und sich mit der Technik, der Systematik und praktischen Anwendungen virtueller und persistenter Entwicklungen bestens auskennen. Nur wer Big Data und sprachgesteuerte Kommunikationstools wie Alexa, Siri und Co richtig einzusetzen weiß, kann daraus seine Vorteile ziehen. Avatare, Hologramme und 3D-Telefonate sind längst bei uns angekommen. Künstliche Intelligenz, Robotik sowie der effiziente Einsatz von Algorithmen sind Themen in der Kommunikation, mit denen Unternehmen sich intensiv auseinandersetzen müssen. Und das ist kein reines Zukunftsszenario. Bereits die aktuelle Evolutionsstufe erfordert, dass Unternehmen ihre Kommunikation von Grund auf verändern, um sie an die neuen Standards anzupassen. „Wir investieren erheblich in die Digitalisierung des Unternehmens und in Künstliche Intelligenz", sagte Erich Sixt, langjähriger CEO und Gründer der SIXT SE auf der Hauptversammlung im Juni 2021. „Hier liegt die Zukunft!"[40]

Produkte werden sprachfähig

Smarte Produkte verändern nicht nur Produktion und Fertigung, sondern auch das Nutzungsverhalten des Verbrauchers. Der Entwicklungsprozess eines Produktes endet heute nicht mehr mit dem Verkauf. Der kontinuierliche und zeitlich unbegrenzte Datenaustausch zwischen Kunden, Herstellern und After Sales wirkt entscheidend auf die Innovationsfreude, Veränderungsbereitschaft und Wettbewerbsfähigkeit von Unternehmen. Über die Smartphone-Nutzung erhält der Gerätehersteller wichtige Informationen zur Evolution, Autos melden ihren Produzenten relevante Details über das Fahrverhalten. Smart-Home-Produkte gewähren Organisationen Einblicke in das Privatleben der Verbraucher, Sprachcomputer wie Alexa und Co hören mit, was gesagt wird. Alle diese Datenströme werden zu Entwicklungszwecken ausgewertet und die Ergebnisse wirken sich erheblich auf die klassische Organisationsstruktur von Unternehmen aus. Sie stehen schon damit vor einem großen Wandel.

Joachim Wenning, Vorstandvorsitzender der Münchener Rückversicherung, sieht die Nutzung von Daten als große Herausforderung: „Sinnvoll verwendet, helfen sie der Menschheit. Dafür müssen wir sie in die richtigen Bahnen lenken und in die richtigen Hände geben. Und vor den falschen schützen."[41] Neben der privaten Konversation registrieren Alexa und Co zum Beispiel auch die Homeoffice-Kommunikation und ziehen ihre Rückschlüsse daraus. Diese Datenlecks bergen ungeahnte Gefahren für Unternehmen, und das jenseits aller Datenschutzverpflichtungen der Mitarbeiter. Wer von diesen Sicherheitslücken profitiert, bleibt zunächst umstritten.

Daten sind die neue Währung. Sie ersetzen ganze Geschäftsmodelle. „Die Verknüpfung von internen und externen Daten eröffnet uns zudem zahlreiche Möglichkeiten, unsere Geschäfte effizienter zu steuern, Abläufe zu verbessern und einen Mehrwert für unsere Kunden zu schaffen. So führen wir bereits heute mithilfe Künstlicher Intelligenz Daten aus verschiedenen Quellen zusammen, um beispielsweise Innovationsprozesse zu beschleunigen, unsere Lieferketten und Logistikkonzepte zu optimieren oder Produktanwendungen für unsere Kunden zu simulieren", berichtet BASF[42]. Vanessa Cann, Geschäftsführerin des KI-Bundesverbands, sagte dem „Handelsblatt" im Juli 2021: „Ohne Daten wird aus einem KI-Projekt nichts."[43] Oft fehle Unternehmen die Vorstellungskraft, wo KI einen

Mehrwert bietet und welche Gewinne dadurch erwirtschaftet werden können. Viele müssten zudem ihre Daten erst einmal digitalisieren, damit sie überhaupt verwertbar werden.

Diverse Kommunikationsmaßnahmen basieren auf der Nutzung von Datenströmen, das gilt insbesondere fürs Marketing. Hier starten die meisten Unternehmen die Nutzung von Daten. Automatisierung und individuelle Ansprache sind problemlos möglich. Unternehmen können über potenzielle Kunden so viel Wissen erlangen wie noch nie. Der Reiseanbieter kann Kunden längst erinnern, dass sie ihre Buchung noch nicht abgeschlossen haben, und wer gezielt nach Kundengruppen sucht, etwa nach frisch gebackenen Eigenheimbesitzern, die sicher bald neue Möbel brauchen, kann sie über ihr Nutzungsverhalten schnell in den sozialen Medien identifizieren. Chatbots und personalisierte Newsfeeds sind nur zwei Tools, mit denen Kommunikatoren auf das Nutzungsverhalten der Kunden reagieren können.

Auch die nächste Dimension der Interaktion zwischen Kunde und Unternehmen gehört aufs Strategietableau. Das Metaverse, eine virtuelle Parallelwelt, ist schon da, die damit verbundene Next Generation der Kommunikation bietet viele Chancen. Doch für zahlreiche Organisationen ist das Metaverse noch nicht greifbar, geschweige denn nutzbar. Immerhin hat die Umfirmierung von Facebook, Instagram und WhatsApp zu „Meta“ mehr Aufmerksamkeit auf die nächste Dimension gelenkt. Und eines steht fest: Nur First Mover werden die Gewinner dieser Entwicklung sein.

Kommunikation muss Fakten schützen

Die digitale Entwicklung bestimmt die Meinungsbildung inzwischen wesentlich, und hier offenbaren sich auch Irrwege und Gefahren. So führen Nachrichten von teils fragwürdigen Absendern Empfänger in die Irre oder manipulieren sie – beispielsweise in Form von Fake News. Im Fachjargon nennen Kommunikatoren diese Art von Wissenschaftsleugnung „Denialismus“. Unternehmen und sogar ganze Branchen und Sektoren werden gezielt von Personen und kleineren Gruppen attackiert, die „eigene Wahrheiten“ oder „alternative Botschaften“ verbreiten. Denialismus ist eine Gefahr für die Reputation und verlangt eine sensible Behandlung durch den Kommunikationsverantwortlichen. Das Phänomen gibt es auch in der internationalen Politik. So wird Russland vorgeworfen, mit seinem Fernsehsender RT einen hybriden Informationskrieg zu führen, um zum Beispiel unabhängige Nachrichten zum Krieg in der Ukraine zu verhindern. China verbannt Suchmaschinen, um keine globale Transparenz zuzulassen.

Pressefreiheit und qualitativer Journalismus sind nicht überall gegeben. Seriöse Inhalte hingegen sorgen für Aufklärung und sogar für kostenlose Bildung. Google kennt die Antwort auf alles und steuert seine Nutzer in eine gewünschte Richtung – in die des Technologiekonzerns. Nicht der Verbraucher entscheidet, sondern der Plattformbetreiber. Allenfalls naive Verbraucher gehen davon aus, dass Suchmaschinen eine ehrliche und quasi neutrale Antwort geben. Doch der mündige Verbraucher wird immer cleverer und lernt, sich zu wehren. Er wird in den kommenden Jahren ein anderes Nutzungsverhalten entwickeln. Darauf müssen sich die Unternehmen einstellen. Der Faktor „Vertrauen“ wird letztendlich ausschlaggebend für das Verhalten und die Bewertung durch die Konsumenten – oder besser: Prosumenten – sein. Sie nutzen immer häufiger die wichtigen Bewertungsportale, um Missstände öffentlich zu machen, und die Glaubwürdigkeit dieser Portale ist hoch. Deswegen beschäftigen sich Kommunikatoren intensiver mit Google-Bewertungen, Trustpilot, Tripadvisor und Co.

Communicative Organization: die ultimative Lösung

Neben allen diesen Herausforderungen werden Organisationen und Unternehmen in puncto Kommunikation weitere Themen auf der Agenda haben. Das können politische wie regulatorische Anforderungen sein, strukturelle oder branchenspezifische. Das Zeitalter der umfassenden Veränderungen wird nicht so bald enden, es hat gerade erst begonnen. Klar ist: Management war noch nie so anspruchsvoll wie heute. Noch nie so vielfältig und so kommunikativ. Diese Entwicklung wird sich in den kommenden Jahren fortsetzen. Storys werden zum Spiegel gesellschaftlicher Entwicklungen und der Chief Communications Officer wird sie identifizieren, einordnen und glaubwürdig erzählen. Es geht um das Profil und das Narrativ, welche Unternehmen und Organisationen zunächst selbst infrage stellen sollten, bevor sie ihre disruptive Change-Strategie schreiben.

Alles beginnt mit einem neuen Mindset der Unternehmensführung und einem innovativen Managementstil. Die neue Organisationsform „Communicative Organization" ist die Antwort auf alle Herausforderungen dieser Zeit. Mit ihr werden Unternehmen so flexibel sein, dass nicht ein Change dem nächsten folgen muss. Mit ihr werden die Unternehmenslenker ihren Wettbewerbern stets einen Schritt voraus sein. Sie werden die besten Talente zur Mitarbeit überzeugen sowie Wissen haltbar machen. Die Kunden werden begeistert sein, richtet sich in der Communicative Organization doch alles nach ihren Bedürfnissen. Und Mitarbeiter werden eine Kultur geprägt von Wertschätzung und Vertrauen erleben. Lesen Sie selbst.

Digitalisierung beginnt im Kopf des Unternehmers – holen Sie sich Ihre Gestaltungsfreiheit zurück!

Interview mit Dr. Reinhold Bareiß, CEO der Eagle Peak Digitalisierungsberatung

Herr Dr. Bareiß, viele Unternehmen stehen vor dem Aus, wenn ihre Digitalisierung nicht sofort startet. Wer überlebt in der digitalen Zukunft?
Unternehmer mit klarer Strategie und der Bereitschaft, ihre Organisation konsequent an dieser Strategie und den daraus resultierenden Partnern auszurichten. Sie wissen, dass der Kauf neuer Software ihr „Zukunftsproblem" nicht löst und denken schon in Prozessen statt Funktionen.

Was machen Sie anders als Standardsystem-Anbieter?
Als Personal Trainer modellieren wir die Zielorganisation unserer Kunden mit einer transparenten Struktur- und Ablauflogik. Das verstehen sie auch ohne IT-Kenntnisse und diskutieren mit uns ihr Geschäftsmodell und Ökosystem. Nach der Digitalisierung arbeiten sie effizienter, ertragreicher und erhöhen ihre flexible Schlagkraft. Automatisch erfüllen sie auch die Nachweispflichten wie Lieferantenkettengesetz oder QS-Nachweise.

Damit sichern sich Ihre Kunden den Platz in der Supply Chain, richtig?
Richtig! Unternehmen sind immer Teil einer Wertschöpfungskette. Die Digitalisierung reduziert ihren internen Aufwand. Sie werden schneller, präziser, schlagkräftiger. Neue Ertragsstärke kann in Expansion umgewandelt werden und die Präzision beste Bewertungen sichern. Standardsysteme wie Enterprise Ressource Planning (ERP) sind durch die Digitalisierung an der Grenze ihrer Entwicklung. Ihre Starrheit verhindert für Nutzer die Disruption aus dem Status quo und das Ausschöpfen des fast unendlichen Potenzials. Die Frage ist klar: Will ich besser sein als der Wettbewerb? Wir helfen sofort, aber: Alles beginnt mit Strategie und Planung im Kopf des Unternehmers!

Das klingt nach einem Job für den CEO und nicht den IT-Experten?
Digitalisierung ist Zukunftssicherung. Der Chef muss neu denken und sein Geschäft flexibel anpassen können. Raus aus der bequemen Welt der „scheinbar sicheren" Standardsysteme und hin zu unabhängigen Plattformen. Wir bieten ein

kostenfreies Erstgespräch an und zeigen, wie Digitalisierung Erfolg sichert – und Spaß macht.

Also müssen Unternehmer keine komplexe Transformation fürchten?
Strategisch anders handeln, braucht Mut und Einsatz. Im Teamwork erreichen wir die Digital Fitness schneller und besser, aber der Chef muss mitmachen! Als Personal Trainer zeigen wir eine neue Leistungsfähigkeit auf und schärfen den Zukunftsblick. Ein digitaler Prozess muss kundenzentriert, durchgängig und nachvollziehbar fließen. Wir durchdenken gemeinsam alle Prozesse und die Vernetzung. Ergebnis ist ein passgenau konfiguriertes „Betriebssystem" – ein intelligenter Trainingsplan.

Also ist der erste Schritt in die digitale Zukunft die große Herausforderung?
Ja, wie beim Sport. Es ist die Chance der Zukunft. Fallen interne Silos wie überflüssige Kilos weg, sind Firmen schlanker, fitter und widerstandsfähiger. Die Challenge ist die Entscheidung zur Digitalisierung.

Das klingt nicht wie eine Hürde. Warum zögern Unternehmer bei der Digitalisierung?
Dafür gibt es gute Gründe. Unerfüllte Versprechen von ERP-Anbietern („Unsere Software kann alles") oder Angst vor Stillstand. Bei uns ausgeschlossen. Wir automatisieren Unternehmensprozesse auf der Plattform Global Eagle®. Damit arbeiten Kunden heute hocheffizient und können morgen flexibel wachsen. In einem Ökosystem mit immer kürzeren Reaktionszeiten erhält der CEO seine organisatorische Gestaltungsfreiheit zurück. Wir machen ihn sicher digital fit und zeigen auf, wie er das hohe Potenzial ausschöpft.

EaglePeak®

Eagle Peak® ist der Personal Trainer der Digitalisierungsberatung. CEO Dr. Reinhold Bareiß und sein Team organisieren die Digital Fitness von Unternehmen. Sie beraten transparent und unabhängig von Software-Herstellern. Kunden erhalten nach der Analyse von Geschäftsmodell und Prozessen ihren Digital Masterplan. Er wird passgenau auf der Plattform Global Eagle® konfiguriert – statt aufwendiger und fehleranfälliger Programmierung. Jeder Kunde bekommt sein eigenes Betriebssystem – zum Festpreis und mit Zertifikat.

bareiss@eagle-peak.de/www.eagle-peak.de

Kapitel 2

Communicative Organization ist pure Disruption

Fundiertes Wissen und ausgeprägte Kompetenzen von Mitarbeitern bilden das Fundament erfolgreicher Unternehmen. Je besser diese Assets in der Organisation geteilt werden, desto effizienter können Teams kollaborativ arbeiten und den größtmöglichen Nutzen sowie Output erzielen. Die Mitarbeiter gestalten mit ihrem Verhalten die Unternehmenskultur und wirken maßgeblich auf die glaubwürdige Wahrnehmung und Reputation der Organisation. Sie kommunizieren intern wie extern und repräsentieren das Unternehmen, selbst wenn sie nicht am Point of Sale agieren. Für Unternehmenslenker sind Mitarbeiter mit hohem Involvement die wichtigste Ressource. Doch die effiziente Nutzung ihres Wissens als Beitrag zum Erfolg der Organisation kann nur über eine aktive Kommunikation und eine klare Ausrichtung erfolgen. Sprecht miteinander! Arbeitet zusammen! Vernetzt euch!

„Vernetzen" lautet das Erfolgsrezept modernen Managements. Zu diesem Ergebnis kommt eine Studie des Marktforschungsinstituts Gartner, das 7000 Manager und Mitarbeiter unterschiedlicher Branchen befragt hat.[1] Das Gartner-Team hat vier Managertypen definiert, darunter den „Vernetzer". Jaime Roca, HR-Experte bei Gartner, hebt hervor: „Die Quintessenz in Sachen Mitarbeitercoaching ist, dass Vernetzer immer auf der Gewinnerseite sind. Die Wahrscheinlichkeit, dass Mitarbeiter dieses Managertyps sich zu High Performern entwickeln, ist dreimal so hoch wie bei den anderen."[2] Vernetzende Manager seien mutig genug, sich aufrichtig einzugestehen, dass sie nicht alles können und wissen. In logischer Konsequenz motivierten sie Mitarbeiter zur Vernetzung mit Spezialisten. CEOs, die einfach mal „Ich weiß es nicht" sagen und damit eine gesunde Selbsteinschätzung zum

Ausdruck bringen, ernten oft viel Respekt und wirken glaubwürdiger. Die besten Leader führen Teams, in denen einzelne Mitarbeiter Experten in ihrer Profession sind und besser als sie selbst. Das darf nicht am Selbstbewusstsein des Chefs scheitern, sondern sollte im Gegenteil von ihm gefördert werden.

Der Always-on-Managertyp ist übrigens der Verlierer der Gartner-Analyse. „Sie waren die Einzigen, bei denen es sogar zu Leistungseinbußen kam"[3], heißt es im Bericht. Wenn CEOs von 1000 E-Mails pro Tag berichteten und von Meeting zu Meeting hetzten, laufe etwas schief. Die Konsequenzen daraus? Die Resilienz wird geschwächt und Stressfaktoren nehmen Überhand. In Studien wird nachgewiesen, dass Manager, die sich regelmäßige Freizeitaktivitäten gönnen, erfolgreicher sind als diejenigen, die 24/7 an den Job denken und immer erreichbar sind. Wallstreet-Legende und Starinvestor Warren Buffet macht es vor und liest Bücher – und das, wie man hört, sechs Stunden jeden Tag! David Solomon, CEO der Investmentbank Goldman Sachs, ist in seiner Freizeit sehr erfolgreich als gut gebuchter „DJ D-Sol". Mit einer ausgeglichenen Work-Life-Balance haben diese CEOs viel von der Lebenseinstellung und Arbeitskultur der zukünftig heiß umworbenen Gen Z und eignen sich sogar als Vorbild.

In der Communicative Organization ist Vernetzung die Prämisse des Managements. Durch die zentrale Einbindung in die Prozesse verfügt die Unternehmensleitung über bessere Entscheidungsgrundlagen und agiert als Metamanager. Ihren Experten lässt sie Freiraum für deren Kernkompetenzen. Und das Management hat selbst mehr Zeit für Hobbys und Erholung, um letztendlich erfolgreicher für die Organisation zu arbeiten. Die Studie „The Firm of the Future" der Beratungsgesellschaft Bain & Company von April 2017 kommt zu dem Ergebnis, dass „Netzwerke darüber hinaus ein umfassendes Stakeholder-Management erleichtern. Je vielfältiger die Berührungspunkte auch über Branchen- und Ländergrenzen hinweg sind, desto leichter fällt es, alle relevanten Player bei einem bestimmten Thema mitzunehmen und selbst komplexe Projekte zu einem erfolgreichen Ende zu bringen." Und: „Je besser und je schneller sich ein Unternehmen anpassen kann, desto erfolgreicher wird es sein."[4]

Mehr als Smart und IT-Services

Neben agilen und effizienten Führungsmethoden gehören „Smart Services" zu den aktuell meistdiskutierten Themen in Unternehmen. Die Lenker sehen darin eine Möglichkeit, ihr Dienstleistungsportfolio mithilfe digitaler Technologien zu erweitern und bei Bedarf um neue Geschäftsfelder zu ergänzen. Smart Services können die automatisierte Datensammlung und -analyse, das Kundenprofiling und -tracking sowie die Fernüberwachung und -diagnose von Maschinen übernehmen.

Vor allem größere Organisationen nutzen Smart Services. Allerdings mit mäßigem Erfolg. Sie sind keine Lösung für die Herausforderung der Zukunft. Sie sind eher das Klein-Klein, hier und da ein bisschen Digitalisierung, ohne grundlegendes Konzept. Und genau da liegt das Problem. „Jedes Unternehmen hat durchschnittlich über 500 Softwareanwendungen im Einsatz. Nur wenn alle integriert zusammenarbeiten, lassen sich neue Geschäftsmodelle umsetzen. Und nur mit neuen Geschäftsmodellen können Unternehmen wettbewerbsfähig bleiben", sagte Christian Klein, Vorstandssprecher von SAP, auf der Hauptversammlung 2021.[5] Organisationen sollten sich zu intelligenten Unternehmen wandeln und Kunden besser verstehen. Dafür sei erforderlich, dass „Anwendungen sich flexibel an veränderte wirtschaftliche Rahmenbedingungen und Kundenwünsche anpassen lassen"[6]. Mit der Communicative Organization ist genau das möglich.

Eine digitale Strategie ist keine IT-Strategie. Während sich die IT in der Vergangenheit nur auf Technologie konzentrierte, beeinflusst die Digitalisierung praktisch jeden Aspekt eines Unternehmens. Einige Unternehmen arbeiten daran, ihr Geschäftsmodell in eine Onlineplattform umzuwandeln. „So mächtig wie die Anbieter von Online-Plattformen wären andere Unternehmen auch gern. Doch sie trauen sich nicht, ihr Geschäftsmodell umzubauen", schreiben Andrei Hagiu und Elizabeth J. Altman 2017 im „Harvard Business Manager".[7]

> „Jedes Unternehmen hat durchschnittlich über 500 Softwareanwendungen im Einsatz. Nur wenn alle integriert zusammenarbeiten, lassen sich neue Geschäftsmodelle umsetzen."
>
> *Christian Klein, Vorstandssprecher von SAP*

Die Herausforderungen der Zukunft verändern nahezu die gesamte Wertschöpfungskette. Das beginnt bei der Verlagerung von Produktentwicklung und Testing auf Erstkäufer. Nicht nur der Welthandel verändert sich, zum Beispiel beim Sourcing, das zukünftig überwacht und durch selbstlernende Systeme und Blockchain-Technik permanent angepasst werden kann. Auch die letzte Meile bis zum Kunden wird durch autonome Lieferdrohnen revolutioniert. Mitarbeiter haben die Chance, ihr Leben auf dem Land zu genießen und doch über nahe Co-Working-Spaces Teil eines globalen Konzerns zu sein. Die Fähigkeit, sich an diese und weitere Veränderungen anzupassen, hängt vom kulturellen Wandel und einem neuen Mindset ab. So manche CEOs haben kein Konzept für eine echte digitale Transformation. Oder ihnen fehlt der Mut.

Ohne Change verschwinden Unternehmen

„Mindestens 40 Prozent aller Unternehmen werden in den nächsten zehn Jahren sterben, wenn sie nicht herausfinden, wie sie ihr gesamtes Unternehmen ändern können, um neue Technologien zu berücksichtigen“, prognostizierte John Chambers, Executive Chairman von Cisco Systems, im Oktober 2015.[8] Ganz oben auf der Agenda von Spitzenmanagern stehen genau deshalb Themen wie intelligente Vernetzung, leistungsfähige Dateninfrastruktur und größtmögliche IT-Sicherheit. Der global drängende Wettbewerb und die Auswirkungen des digitalen Quantensprungs bis hin zum Geschäftsmodell verlangen eine Lösung, die nachhaltig, wirkungsvoll und rasch umsetzbar ist. Sie soll von Führungskräften, Mitarbeitern und weiteren Stakeholdern getragen werden. Es geht also um eine optimale Lösung, die den Fortschritt der Digitalisierung effizient nutzt – als großes Ganzes und nicht hier und da Klein-Klein. Egal welche Branche, egal welche Größe, egal welches Land – die Lösung heißt: Communicative Organization!

Ein Wendepunkt in der Unternehmensführung der Zukunft ist nicht die Integration von Digitalisierungstools, sondern eine digital fitte Organisationsform. Wer allen voraus sein will, ein First Mover und Game-Changer, plant die Metamorphose zur Communicative Organization. Sie erfolgt nicht als Reaktion auf die Herausforderungen durch Digitalisierung. Die Organisationsform selbst ist eine logische Konsequenz der Digitalisierung. Überlegene CEOs nutzen den technischen Fortschritt zur Stärkung ihrer Wettbewerbsposition und warten nicht ab, bis andere es ihnen vormachen. Sie sind ihren Peers einen entscheidenden Schritt voraus. Das erfordert Mut und permanentes Durchsetzungs- und Durchhaltevermögen, wird aber mit Erfolg belohnt. „Die Organisationsstruktur ist eine wichtige Basis für die Steuerung aller kommunikativen Prozesse. Sie alleine macht jedoch noch keine Communicative Organization aus", weiß Ulrich Schuhmann, Chef der Schuhmann Personalberatung aus Köln. „Es sind die handelnden Personen selbst, die am Ende diesem Ansatz zum Erfolg verhelfen, wenn sie es schaffen, ihre Denk- und Handlungsmuster zu ändern."[9]

Die digitale Transformation ist ein Managementansatz, kein temporäres Programm. „Wandel ist kein Projekt, für das es einen fest definierten Abschluss gibt", sagt auch Sönke Reimers, Sprecher der Geschäftsführung der dfv Mediengruppe. „An einzelne Meilensteine können wir Haken dransetzen – beispielsweise haben wir bei uns feste Strukturen geschaffen, um der Transformation einen Rahmen zu geben. Aber im Grunde ist Transformation eine generelle Einstellung, und darin liegt der Kern eines erfolgreichen Wandels: Wir wollen vorangehen, wir lassen uns von Entwicklungen nicht treiben, wir gestalten diese aktiv mit."[10]

SAP-Lenker Klein richtet sein Business auf die Wandlung von Organisationen aus: „Innovative Lösungen für die digitale Transformation unserer Kunden zu liefern – das muss unser Ziel sein. Nur so lassen sich neue Geschäftsmodelle umsetzen – für weiteres Wachstum und Wettbewerbsfähigkeit. Nur so können Unternehmen der Krise trotzen", sagte er.[11] Ziel der Unternehmen sollte es sein, nicht nur Resistenz für eine Krise zu schaffen, sondern für weitere gewappnet zu sein, durch Flexibilität, Agilität und Umsetzungsdisziplin.

„Kommunikation ist die Grundlage für Unternehmenserfolg" – das ist der Summary eines Research Reports der Lund University und der Swedish Association of Communication Professionals: „In einer kommunikativen Organisation gibt es ein weit verbreitetes Verständnis, dass Kommunikation eine Voraussetzung für die Existenz einer Organisation, die Fähigkeit, Ziele zu erreichen, und für den Erfolg ist. Kommunikation steht daher immer auf der Tagesordnung."[12] Visionäre Unternehmenslenker haben die Bedeutung von Kommunikation rea-

> „Kommunikation ist das A und O erfolgreichen Managements."
>
> *Sönke Reimers, Sprecher der Geschäftsführung der dfv Mediengruppe*

lisiert, wie Sönke Reimers, Sprecher der Geschäftsführung der dfv Mediengruppe: „Kommunikation ist das A und O erfolgreichen Managements. Niemand kann als einzelne Person Expert:in auf allen Gebieten sein. Wenn ich nicht zuhöre, was meine Leute zu sagen haben, welche Ideen sie haben, wie sie bestimmte Sachverhalte einschätzen, kann ich keine fundierten Entscheidungen treffen. Unser Claim sagt ‚Mehr wissen, besser entscheiden'. Mehr wissen kann ich nur, indem ich mich informiere – lese, zuhöre, zuschaue, mich mit Argumenten auseinandersetze."[13] Die Communicative Organization steht genau dafür. Je detaillierter man die neue Organisationsform mit transparentem Managementstil kombiniert, desto überzeugender wird sie.

Forschung setzt Kommunikation auf die Agenda

Der Begriff Communicative Organization tauchte zunächst 2001 im Rahmen wissenschaftlicher Untersuchungen zur Organizational Communication der US-Professoren Daniel P. Modaff und Sue DeWine in ihrem Buch „Organizational Communication" auf.[14] Als eigenständiger Begriff und Schlagwort wurde er von der Global Alliance for Public Relation and Communication Management, dem weltgrößten Netzwerk für Kommunikationsprofis, definiert und gesetzt – mit dem Ziel, den Stellenwert der Kommunikation in Organisationen anzuheben. Der Ansatz ist klar: Ohne Kommunikation sind weder das menschliche Zusammenleben noch eine strukturierte Zusammenarbeit denkbar. Und im Hinblick auf Human-Digitale Teams, bei denen ein Spezialist immer eine Künstliche Intelligenz ist, wird ohne Kommunikation eine Zusammenarbeit in Zukunft unmöglich sein.

Von 2014 bis 2018 stand der Wert von Kommunikation für Organisationen erneut im Zentrum einer wissenschaftlichen Untersuchung. „The Communicative Organization" hieß das Projekt der Lund University in Schweden, das diesen Wert untersuchen und beziffern wollte.[15] Dazu wurden elf schwedische Unternehmen und Organisationen analysiert. Parallel dazu wurden über 8000 Teilnehmer befragt und diese Aussagen durch 170 Interviews qualitativ überprüft. Seit 2019 findet sich der Begriff „Communicative Organization" in Forschungsarbeiten, die sich, der Social-Media-Entwicklung folgend, Aspekten der Digitalisierung und der Beziehung von Unternehmen zu ihren Stakeholdern widmen (zum Beispiel Amsterdam School of Communication Research, Universität Amsterdam)[16] und auch die Wissensbasis eines Unternehmens als Managementaufgabe mit einbeziehen (Universität Jyväskylä, Finnland)[17].

Motor der Communicative Organization ist Dialog

Dieses Buch begreift die Communicative Organization als neuen Managementansatz, der den Gedanken der Business Intelligence aufgreift und konsequent fortführt. Die Communicative Organization ist ein agiles und fortschrittlich digitalisiertes Unternehmen. Sie lässt tradierte Aufbauorganisationen hinter sich und organisiert sich als flexible, jederzeit anpassbare Form. Das wird durch die komplette Vernetzung aller Mitarbeiter erreicht. Die Steuerung der Communicative Organization übernimmt ein zentraler Nukleus, in dem die Unternehmensführung ebenfalls agil zusammenarbeitet und in dem alle Informationsströme zusammenfließen.

Das dazu notwendige Betriebssystem ist die Central Intelligence Communication – kurz CINCO. Es handelt sich dabei um eine Art neuronales Netzwerk, ein teils selbstlernendes Betriebssystem. Es bildet eine zentrale Wissensbasis und stellt Daten wie Informationen permanent allen Mitarbeitern zur Verfügung. Der Motor der Communicative Organization ist der Dialog, vernetzt und digital, mit höchster Wertschätzung und Empathie. So kann die Communicative Organization jederzeit verändert und neu ausgerichtet werden. Alle Prozesse werden vom Ende her gedacht, sind also auf Kunden und Mitarbeiter zentriert. Die Vorstufe der Communicative Organization ist eine komplette Disruption, also das weiße Blatt Papier, auf dem der CEO mit seinem teils neuen Team des Nukleus die digitale Zukunft seines Unternehmen erfindet. Das braucht Mut, Vision und ein offenes Mindset.

Die Communicative Organization ist zum Teil vergleichbar mit der Hardware eines Computers. Auch wenn sie viel flexibler und transparenter ist, hat sie ebenfalls einen Kern, so wie die CPU (Central Processing Unit). Der Chief Executive Officer und seine C-Level-Kollegen sind dieser Nukleus und steuern das Unternehmen aus der Mitte heraus. Der Chief Communications Officer wird Teil des Boards, denn mit der Neuausrichtung auf Kommunikation ist sein Verantwortungsbereich zentral. Mit dem ausgeprägten Ziel der Kunden- und Mitarbeiterzentrierung sollten auch die jeweiligen Leader der Bereiche Kunden und Human Resources Teil des Nukleus sein.

Digitalisierung und gesellschaftliche Veränderungen kennen keinen Stillstand. Daher hat der Manager die Wahl: Entweder folgt eine Transformation der nächsten oder er entscheidet sich für eine flexible Organisationsform, dic sich permanent an Veränderungen ausrichten lässt. Letzteres kann nur die Communicative Organization; sie ist aus unserer Sicht die beste Organisationsform, um die Herausforderungen der Digitalisierung und der gesellschaftlichen Entwicklung dauerhaft und nachhaltig zu meistern. Darüber hinaus hat sie auch noch die Zustimmung der Stakeholder und bindet diese enger an das Unternehmen. Sie ist genau das, wonach viele Manager suchen. Und bei einigen Konzernen, darunter auch Mitglieder des Deutschen Aktienindex DAX, lässt sich bereits eine Entwicklung Richtung Communicative Organization erkennen, wenn auch in kleinen Schritten. Stellt sich die spannende Frage: Wer wagt diese vollständige Disruption als First Mover?

„Manche Menschen mögen keine Veränderungen, aber man muss sie annehmen, wenn die Alternative eine Katastrophe ist."

Elon Musk, Gründer und CEO von Tesla und SpaceX

Empowered Customers fordern Paradigmenwechsel

Mit der Entwicklung vom Consumer zum Prosumer – also vom gutgläubigen Konsumenten zum aufgeklärten Käufer, der bereits das Marktangebot verglichen hat und viel Detailwissen besitzt – sehen wir aktuell die größte Disruption von Märkten. „Digital Natives" und „Empowered Customers" verstärken diese Entwicklung. Daran müssen sich Organisationen ausrichten. In der Vergangenheit wurden CEOs aufgefordert, eine flache Organisation zu formen, dann eine lernende, später eine soziale und schließlich eine digitale. Viele wünschen sich eine Struktur, die all das beinhaltet. Wir versprechen Ihnen: Die Communicative Organization vereint alle diese Formen und erfordert keine weiteren Transformationen. Sie ist so flexibel, dass sie Innovationen schnell umsetzt und dauerhaft erweitert und verändert werden kann.

Es mag ein wenig bedrohlich klingen, aber die Weiterentwicklung von Unternehmen wird keine einmalige Angelegenheit sein, auch keine Ära, sondern die ständige Herausforderung der Zukunft. Mit dem technischen Fortschritt wird es immer mehr Veränderungen geben, auf die verantwortungsbewusste Manager zeitnah reagieren müssen. Elon Musk, Gründer von Tesla und SpaceX und einer der erfolgreichsten Unternehmer unserer Zeit, bringt es auf den Punkt: „Manche Menschen mögen keine Veränderungen, aber man muss sie annehmen, wenn die Alternative eine Katastrophe ist.“[18] Unternehmen stehen vor einem Paradigmenwechsel! Jetzt!

Im Gegensatz zu Organisationen, die als Pyramide oder Matrix aufgebaut sind, kann eine Communicative Organization nur als eine Art neuronales Netzwerk funktionieren. Dem Gedanken des agilen Arbeitens folgend und kundenzentriert ausgerichtet, ist ihre flexible Vernetzung der Schlüssel zu einer Customer-Experience, bei der, unabhängig vom Touchpoint, der Kunde stets eine homogene Erfahrung macht und eine optimale Lösung erhält. Ziel ist es, Vertrauen zu allen Stakeholdern aufzubauen, denn das ist die entscheidende Währung, die insbesondere in wettbewerbsstarken Branchen hart erarbeitet und immer wieder begründet werden muss. Dazu bedarf es einer transparenten, glaubwürdigen und konsistenten Kommunikation. Transparenz und Kompetenz schaffen Vertrauen und sorgen für eine erstklassige Reputation. Überzeugte Kunden und Mitarbeiter werden schließlich zu Lotsen für die Unternehmensentwicklung. Digitale Technik reagiert nur – den Unterschied macht der Mensch!

Cluster, Clouds, Teams und Streams

Die Communicative Organization unterscheidet sich durch die direkte Vernetzung des Kerns mit den kleinsten Bauteilen des Systems deutlich von heutigen Organisationsformen. Die Gruppierung in Formen innerhalb des Netzwerks, von

Cluster, Clouds, Teams und Streams bis hin zum Mitarbeiter, dient der Orientierung und sorgt für eine Grundstruktur, die erst die Flexibilität des Betriebssystems ermöglicht. Dieses Betriebssystem, die CINCO, ist mehr als jede existierende Ablauforganisation. Sie ermöglicht und befördert aktiv, dass jeder Mitarbeiter mit jedem anderen kommunizieren kann, auch mit dem CEO oder dem CCO. Ohne Einschränkungen, Filter oder Barrieren.

Der CEO und die Leader werden zukünftig viel mehr mit Kommunikation lenken, erklären, motivieren. Dazu stellt ihnen die CINCO die relevanten Informationen zur Verfügung, zum Beispiel aus dem Listening. Jeder Leader hat sein persönliches Cockpit, in dem die für seine Funktion, sein Fach- und Kompetenzlevel sowie seine aktuellen Projekte und Tasks relevanten Daten gebündelt und aufbereitet zur Verfügung gestellt werden. Blockieren oder verhindern kann ein Leader die Kommunikation aus seinem Team nicht, doch er kann sie durchaus kommentieren, zum Beispiel als Ping, der der zentralen Führung signalisiert, dass der Impuls eines Mitarbeiters vom Leader fachlich eingeordnet wird.

Als eine Art neuronales Netzwerk entwickelt sich die CINCO durch Künstliche Intelligenz, aber auch durch bestehende Datenströme und sogar individuelle Eingaben stetig weiter. Sie stützt sich in ihrer Funktionsweise direkt auf die klare Identität jedes Mitarbeiters und dessen stabile Links zu seinem Cluster, Leader und Team. Mehr Details zur CINCO sind im nächsten Kapitel aufgeführt. Zusätzlich gibt es Clouds, also Projekte oder Schwerpunktthemen, die je nach Erfordernis etabliert werden, aber genauso schnell wieder verschwinden können. Der CEO kann beispielsweise mit dem Ziel eines stärkeren Involvements in Nachhaltigkeit und Umweltschutz eine Cloud einführen, in der Mitarbeiter aus unterschiedlichen Teams ein Thema bearbeiten. Sie können über Wochen, Tage, stundenweise oder nur sporadisch involviert sein, je nachdem, wie die Zielvorgaben lauten und welche Qualifikationen gebraucht werden beziehungsweise verfügbar sind. Auch die Transformation kann der Change-Manager mit einer Cloud steuern und umsetzen. Ein weiteres klassisches Beispiel ist die Einführung eines neuen Produktes.

Die Cloud funktioniert in den Informationsströmen des Netzwerks, den Streams, als virtueller Hub. Sie entscheidet über die Zuteilung von Informationen und kann alle notwendigen bei der CINCO abrufen. In der Cloud, die ja immer nur vorübergehend Themen bearbeitet, steuert ein temporärer Leader den Prozess und bildet mit Mitarbeitern aus unterschiedlichen Teams, ebenfalls temporär, die Cloud-

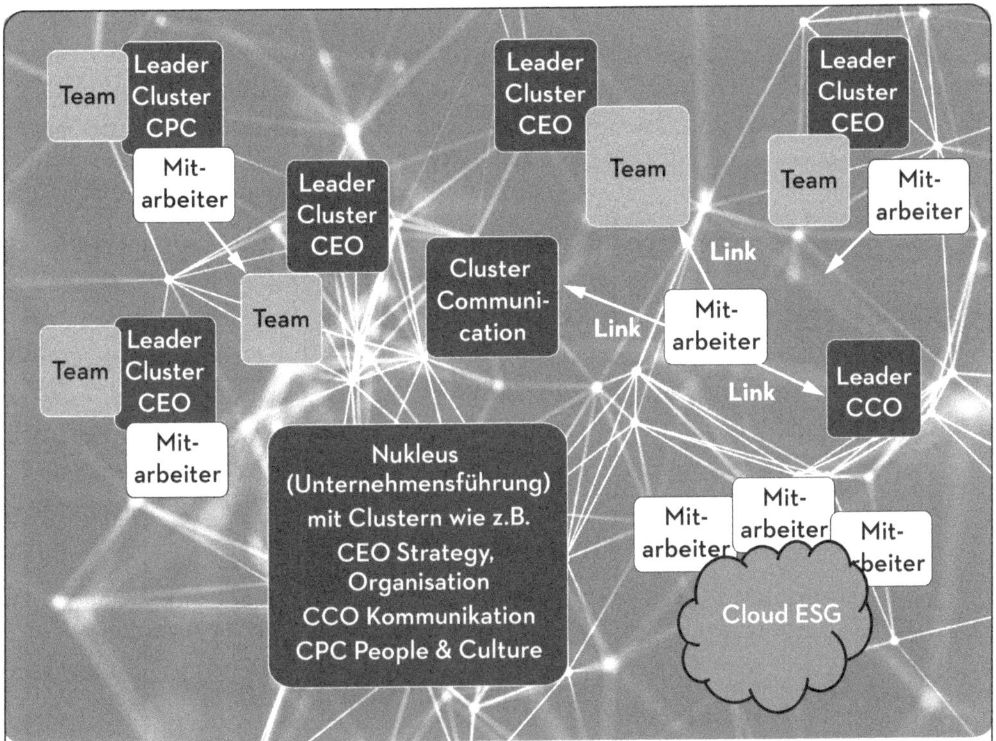

Legende

Nukleus	=	zentrale Führungseinheit, geführt von CEO (Strategy, Organisation) und C-Team aus CCO (Kommunikation), CRO (Risiko/IT/Finanzen), CPC (People & Culture) und CSO (Sales/Kunden)
Cluster	=	fachliche Organisationseinheit, koordiniert inhaltlich die Teams (vgl. klassische Ressorts), geführt von einem Leader; ein Nukleus-Mitglied kann mehrere Cluster und Leader haben.
Team	=	feste personelle Organisationseinheit, verbindet Mitarbeiter, fachlich einem Cluster zugeordnet, geführt von einem Leader
Leader	=	Führungsfunktion, verbindet und koordiniert Mitarbeiter seiner Teams, fachlich einem Cluster zugeordnet, geführt von einem C-Leader
Cloud	=	flexible personelle Organisationseinheit mit temporärem Fachauftrag, z.B. ESG, fachlich einem Cluster zugeordnet, koordiniert von einem Leader
Mitarbeiter	=	fachlich einem Cluster, Team und Leader zugeordnet, flexibel in Basisfunktion und optionalem Cloud-Engagement
Streams	=	Informationsströme, die von der CINCO verteilt werden, enthalten spezifische Datenpakete, je nach Zuordnung des Adressaten
Links	=	feste Verbindungen eines Mitarbeiters zu Cluster, Team und Leader

Die Struktur der Communicative Organization. Je nach Unternehmensgröße gibt es mehr oder weniger Mitglieder im Nukleus; auch ein einzelner Geschäftsführer kann in der Communicative Organization agieren.

Gemeinschaft. Die Streams arbeiten mit fachlichen Profilen als Wegweiser, nach denen sie einer Mitarbeiteridentität festgelegte Informationen zuordnen. Ändert die Cloud die Profile, ändert auch der Stream die Zuteilung. Jeder Mitarbeiter bekommt so genau die Informationen, die ihm bei der Erledigung seiner aktuellen Aufgabe hilfreich sein können. Und die Teams der Cloud werden optimal nach Qualifikationen und Skills zusammengesetzt.

Mit der Cloud bilden sich also temporäre Teams, die zusammenarbeiten, um Aufgaben oder Projekte zu erledigen und Herausforderungen zu meistern. Sie definieren sich über ein Konzept, ein Ziel und den zentralen Purpose. Teams sind die Knotenpunkte des Netzwerks und können sich je nach Aufgabenlage immer wieder neu formieren, etwa wenn es der Markt erfordert oder es zu einer effizienteren Nutzung führt. Die Teams sind also nicht statisch, sondern flexibel. Diese Individualisierung erhöht die Effizienz. Je nach Relevanz kann eine Cloud eigene Streams initiieren und beim Nukleus anfordern. Damit wird diese Cloud zukünftig mit allen Informationen zum initiierten Thema versorgt.

Es zählt der Mensch, nicht die Arbeitskraft

Mitarbeiter haben in der Communicative Organization eine klar definierte Identität, die sie innerhalb des Netzwerks überall hin mitnehmen und anhand derer sie eindeutig erkannt werden. Dieses Profil gibt Auskunft über berufliche Qualifikationen und Erfahrungen, fachliche Kompetenzen, abgeschlossene Projekte, persönliche Skills, aber auch relevante Interessen und Wünsche und – sofern der Mitarbeiter zustimmt – besondere private Fähigkeiten und Kenntnisse. Noch individueller wird das Profil durch Fotos, Stimme und private Kontakte des Mitarbeiters. Das Profil erinnert in seiner Machart an den Social-Media-Auftritt auf einer Businessplattform, nur ist es hier individuell auf die Mitarbeit im Unternehmen ausgerichtet.

Mit dieser Identität ist es möglich, im Netzwerk mit anderen in Kontakt zu treten; so ist jederzeit transparent, wer gerade mit wem interagiert. Zur klaren Identifizierung brauchen Mitarbeiter Links zu ihrem Cluster, ihrem Team und ihrem Leader. Mit diesen Links ist für jeden Dialogpartner eine grundlegende Einordnung intuitiv möglich. Ändern sich die Links, verändert sich auch der Stream. Er

Team Communication

ESG

Change now

Cluster: Communications
Free Cloud-Capacity: 5 %
Agility: 80 %
On-Air-Status: ● (available)
Location:

Ulrike Germann
Chief Communications Officer
Teamlead Communications
Com-Link: dw080270len

About me:
Hybrid-Worker based in Düsseldorf, passionate for communications, Gen 50+, mother of 2 teenagers, wife of an amazing husband, loving fine dining and driving my vespa, always travelling or thinking of

Responsibilities:
- Communications & CINCO
- Strategy
- Business Development
- Cloud ESG

Present Projects:
- Change process to Communicative Organization
- Developing CINCO
- Review Strategy & Roadmap

Passed Projects:
- Consulting C-Level for Transformation
- Teambuilding Communication
- Cloud „Find new Leaders“
- Installing CINCO
- Onboarding new Partners

Skill-Set:
- Communications Excellence overall
- Marketing & Brand Management
- Reputation Management
- Building Trust
- Leadership
- Innovation Scout
- Digital Expert
- ESG-Promoter

Mind-Set:
Efficient, hands-on-working, teamplayer, visional and digital thinking, trustworthy collaborate, open for diversity, just trying

Legende Icons (Beispiele):

Im Office
Im Homeoffice
Ersthelfer
Coach, Mentor
Im Meeting
Team Cyber-Security
Mitglied Krisenstab
Auf Dienstreise
Auszeichnung erhalten
CINCO-Team

Beispiel für eine Mitarbeiter-ID in der Communicative Organization. Sie zeigt den aktuellen Mitarbeiterstatus bezogen auf Projekte, Skills, Anwesenheit etc. in Echtzeit und ist allen zugänglich.

leitet Impulse an die Links weiter. Über das Linkprofil werden auch die Datenpakete definiert, mit denen jeder Mitarbeiter adressiert wird, abhängig von seiner Grundzuordnung zu Clustern, Teams und Leadern. Die persönliche Identität mit den zugewiesenen Fach- und Kompetenzleveln ist der Anker, mit dem die CINCO jederzeit zuordnen kann, ob ein Mitarbeiter verfügbar, relevant und auf welchem Level geeignet für einen Dialog oder eine neue Aufgabe ist.

Die Mitarbeiter in der kommunikativen Organisation fungieren als eine Art Sensor; sie sind in der Lage, von innen nach außen zu agieren und zu kommunizieren und ebenso untereinander. Nimmt ein Mitarbeiter im Vertrieb Impulse wie zum Beispiel Kundenwünsche von außen auf, leitet er sie zur Bewertung an die CINCO weiter, damit alle anderen Kollegen darüber informiert werden und ihr Wissen im Interesse der Kunden erweitern. Die Mitarbeiter erfahren in der Communicative Organization über ihre Aufgaben und Verantwortungen mehr Vertrauen und Transparenz und kommen in den Genuss zahlreicher Qualifizierungen. Sie werden respektiert und wertgeschätzt. Kompetenzen und Erfahrungen, denen bisher vielleicht keine Relevanz bei der Erledigung von Aufgaben eingeräumt wurde, werden sichtbar und effektiv genutzt. Ein hohes Engagement ist natürlich Voraussetzung für diese Entwicklung. Und eines ist immer deutlich: Es zählt der Mensch, nicht die Arbeitskraft.

Eine gewisse Ambition für technischen Fortschritt sollten Mitarbeiter einer Communicative Organization schon haben. Grundsätzlich stehen Arbeitnehmer technischen Innovationen offen gegenüber und wünschen sich sogar Entlastung durch Digitalisierung am Arbeitsplatz. Die Umfrage „2021 Automation and The Future of Work Report"[19] kommt zu dem Ergebnis, dass sich 78 Prozent von 300 befragten Arbeitnehmern einen digitalen Assistenten wünschen, der ihnen repetitive und alltägliche Aufgaben abnimmt. Sie streben also Human-Digitale Teams an. Gleichzeitig wünschen sie sich mehr Zeit für die berufliche Entwicklung (62 Prozent), kreatives Denken (52 Prozent) und strategische Überlegungen (48 Prozent). Genau diese Möglichkeiten bietet und fördert die Communicative Organization mit ihrer hybriden und transparenten Struktur.

Jeder Mitarbeiter kann seine Einsatzaktivität mitbestimmen. Es gibt Menschen, die gerne in einer gewohnten Umgebung arbeiten, mit Kollegen, die sie gut kennen. Sie fühlen sich mit einem festen Aufgabengebiet am wohlsten. Das wird im persönlichen Profil registriert. Andere lieben neue Herausforderungen und arbeiten gerne auf Projektbasis in diversen Teams. Sie werden mit einer hohen Flexibilität im Profil kenntlich gemacht, arbeiten im Netzwerk an unterschiedlichen Projekten und können je nach Schwierigkeit der Aufgaben und erbrachter Leistung ihr Gehalt aufstocken. Das geschieht durch ein kluges Bonussystem. So führt das Management ein faires, leistungsgerechtes und in Teilen selbstbestimmtes Gehaltsprinzip ein. Die Organisation erfüllt damit ein wesentliches Kriterium einer sozial gerechten Führung und kann Mitarbeitern je nach Lebensphase das passende Angebot machen, zum Beispiel in Form von Elternzeit oder eines Sabbaticals. Auch Fehlzeiten durch Krankheit können durch die Flexibilität der Communicative Organization besser ausgeglichen werden.

Gig-Workforce erhöht Flexibilität

Die Communicative Organization löst noch ein anderes Problem auf charmante Art: Dank ihrer Flexibilität kann das Management gelassen dem Trend zum Gig-Working entgegensehen. Gig-Worker sind unabhängige Auftragnehmer, Freiberufler, Interim-Manager und digitale Nomaden auf selbstständiger Basis. In einem Artikel des Magazins „Forbes“ heißt es im Februar 2021: „Bis zu 40 Prozent der US-Arbeitskräfte sind in irgendeiner Art von Gig-Arbeit beschäftigt, und schon vor der Pandemie wuchs die Gig-Economy dreimal so schnell wie die gesamte nationale Belegschaft.“[20] Auch in Europa mehren sich die Gig-Arbeiter, und das vor allem in der Gen Z. Die jungen Talente entscheiden selbst, wann und wo sie arbeiten, auch wenn das zu Lasten eines sicheren Einkommens geht. Sie lassen sich nicht von „Nine to Five“ in Büros zitieren, sondern arbeiten lieber in Parks, Cafés, Bibliotheken, zu Hause oder an irgendeinem anderen „Place to be“ – und auch gerne am Urlaubsort.

Als größtes Problem bei der Erledigung ihrer Arbeit sehen die Nomaden die Informationspolitik der Unternehmen. Dem kann die Communicative Organization mit ihrer CINCO ideal entgegenwirken. Sie kann Gig-Worker auch kurzfristig einbinden und mit notwendigen Informationen versorgen. Das Thema Gig-Workforce birgt auch Gefahren, zum Beispiel soziale Vernachlässigung oder Ausschluss aus den Sozialversicherungen. Diesen Gefahren sollten Unternehmen im Zuge ihrer Corporate Social Responsibility mit dem Modell einer Grundsicherung begegnen, das den Gedanken der „sozialen“ Marktwirtschaft weiterführt.

Die Communicative Organization darf keine sterile, computergesteuerte Arbeitsstelle sein – sie will vielmehr die Vorzüge des technischen Fortschritts mit den wertvollen Kompetenzen und Skills von Menschen verbinden. Mit diesem anthropologischen Ansatz soll eine angenehme und respektvolle Arbeitsatmosphäre geschaffen werden. Das Ziel: Die Teams sollen Erfolg und Spaß haben, gerne zusammenarbeiten sowie vertrauensvoll kommunizieren. Denn nur so lassen sich optimale Ergebnisse erzielen. Die Stakeholder erkennen, ob eine Organisation innen wirklich das lebt, was sie nach außen darstellen will. Die besten Talente werden sich überzeugen lassen, wenn sie die Wertschätzung und den Respekt sowie die Chancen sehen, die eine Communicative Organization ihnen bietet. Kunden fühlen sich bestätigt, einen sozial verantwortungsbewussten Anbieter ihrer Produkte gefunden zu haben. Geschäftspartner erkennen schnell, dass sie eine faire Partnerschaft erwarten können. Und Investoren finden genau die Organisation, die sich Larry Fink und Co wünschen.

Über die automatisierte Vernetzung in der Communicative Organization erlangen die Mitarbeiter zeitliche Vorteile, aber auch das Vertrauen und die Befähigung, direkt und indirekt den Unternehmenserfolg mitzugestalten. Sie werden Teil des Ganzen und eingebunden in die Strategie und Prozesse. Ein Involvement, das sich viele Mitarbeiter von ihrem Arbeitgeber wünschen. Die Communicative Organization ist auch in der Lage, das von allen Mitarbeitern aggregierte Wissen haltbar zu machen, zu aktualisieren und zur Verfügung zu stellen. Ein intelligentes Wissensmanagement ist der Basisspeicher der CINCO. Der oft als Pionier moderner Managementlehre bezeichnete Wirtschaftsprofessor Peter F. Drucker warnte bereits 1997: „Wissen ist anders als alle anderen Ressourcen. Es veraltet ständig, sodass das fortgeschrittene Wissen von heute das Unwissen von morgen ist. Und das Wissen, auf das es ankommt, ist schnellen und abrupten Veränderungen unterworfen.“[21]

Voice-Computing erleichtert Nutzung

Interne Kommunikation ist inzwischen eine der wichtigsten Disziplinen von Personalverantwortlichen und verlangt von ihnen zusätzliches Wissen, vor allem in digitalen Themen. Je besser und schneller Mitarbeiter informiert werden, desto erfolgreicher ist das Involvement und führt in der Folge zu Engagement. Schnell, präzise und umfangreich zu informieren, ist das Ziel. Genau so funktioniert die CINCO. Nur ist sie viel mehr als ein Intranet. Sie ist das Betriebssystem der Communicative Organization und vereint sämtliche Informationen und elementares Wissen stets aktuell und korrekt.

Mit Smart-Home-Anwendungen, E-Commerce und Gaming-Experiences wird die Bedeutung von Sprachcomputern für alle Stakeholder steigen und künftig bestimmen, wie sie mit Medien, Marken und Unternehmen interagieren. Die Customer-Journey wird sich weiter verändern. Auch in der Communicative Organization werden Sprachcomputer Mitarbeitern bei der Erledigung ihrer Arbeit Orientierung geben. Der Chief Communications Officer wird diese Technologie intensiv nutzen und im Idealfall mittels eines unternehmenseigenen Sprachcomputers Informationen und Wissen auf Abruf bereitstellen. Eine unternehmenseigene Sprachsteuerung ist nicht nur aufgrund der Effizienz, sondern auch aus Sicherheitsgründen eine gute Wahl. Voice-Computing ist ein Trend der Digitalisierung, der noch zahlreiche Evolutionsstufen vor sich hat. Wer hier nicht dabei ist, verpasst den Anschluss.

Spätestens die Covid-Pandemie hat vielen Unternehmenslenkern verdeutlicht, wie wirkungsvoll und unverzichtbar der Einsatz digitaler und technischer Tools in vielen Bereichen einer Organisation ist. Egal ob Homeoffice, virtuelle Teammeetings oder Gespräche per Videocall – vieles, was bis zum Beginn der Pandemie als schwer umsetzbar galt, wurde in kürzester Zeit gängige Realität. Und so soll es auch bleiben. Schließlich sparen Unternehmen enorme Kosten ein, zum Beispiel für Strom, Heizung und Verpflegung, aber auch bei Dienstreisen und Geschäftstreffen.

Laut der Studie „The Future of Work: From remote to hybrid" des Capgemini Research Institute rechnet jedes dritte Unternehmen damit, dass mehr als 70 Prozent seiner Mitarbeiter mobil arbeiten werden. Dabei muss es nicht zu Nachteilen in der Produktivität kommen. Die rund 5000 befragten Mitarbeiter und Führungskräfte aus 500 Organisationen rechnen hoch, dass „Remote-Arbeit die Produktivität steigert und zu Kosteneinsparungen führt, und zwar um bis zu 24 Prozent im 3. Quartal 2020".[22] In der Communicative Organization können Mitarbeiter mitbestimmen, wie sie arbeiten möchten. Das betrifft nicht nur das Einsatzgebiet über Cluster und Clouds, sondern auch die Location – ob von zu Hause, unterwegs oder im Büro.

Aus Recruiting-Perspektive ist ein Wechsel zum dauerhaft hybriden Arbeitsmodell für viele Unternehmen unvermeidlich. Bewerber verlangen bereits jetzt ein Angebot, zumindest teilweise remote arbeiten zu können. Diverse Studien belegen das. Und der Trend geht eindeutig zu mehr Offsite als Onsite. Die Recruiter sehen aber noch einen weiteren wichtigen Grund für Remote- und Hybrid-Konzepte: Gerade bei Stellen, für die es wenige passende Kandidaten gibt, erhöht Remote Working die Chancen, ideale Bewerber aus entfernteren Regionen zu finden. Das wäre eine bessere Lösung, als zu viele Zugeständnisse bei Qualifikationen und Kompetenzen zu machen. Auch jene Unternehmen, deren Standorte nicht gerade sexy erscheinen, beispielsweise auf der grünen Wiese oder in ländlichen Gebieten mit mangelhafter Infrastruktur, können begehrte Talente mit dem Argument „Mobile Work" leichter überzeugen.

Endlich Schluss mit Silos

Zugegeben, der Wandel zu einer Communicative Organization ist kein leichtes Unterfangen; es handelt sich eben um eine komplett neue Organisationsform. Sämtliche Mitarbeiter müssen lernen, neu zu denken, ihr Mindset auf Kommunikation ausrichten und neue Vorgehensweisen erlernen. Das Management und alle Stakeholder müssen einander vertrauen und auf Kollaboration setzen. Doch dieser Prozess wird auch Spaß machen, denn die Mitarbeiter erhalten so viel Aufmerksamkeit und Einbindung wie nie zuvor. Sie werden zu Machern und so gestalten alle gemeinsam den Erfolg der Organisation. Unternehmensberater und Autor Tom J. Peters formuliert seinen Anspruch an Führungskräfte wie folgt: „Echte Führungskräfte erzeugen keine Mitläufer, sondern entwickeln neue Führungskräfte."[23]

Die Unternehmenslandschaft sieht in Deutschland, ebenso wie in vielen weiteren europäischen Ländern, leider derzeit noch anders aus. Die meisten Unternehmen haben immer noch eine Silostruktur, auch wenn moderne Managementmethoden spätestens mit dem Trend zur Agilität ein Ende dieser hierarchisch angeordneten Modelle eingeläutet haben. Hierarchien behindern Zusammenarbeit und Entscheidungskompetenzen, Integration und Inklusion. Vertikale Kommunikationswege über die Kaskade – entweder Top-down oder Bottom-up – vergeuden Zeit und Kapazitäten, sie verfälschen Inhalte (Stichwort Stille-Post-Effekt) oder vermitteln vom Sender inszenierte Zuspitzungen besonders hart. Silostrukturen fördern

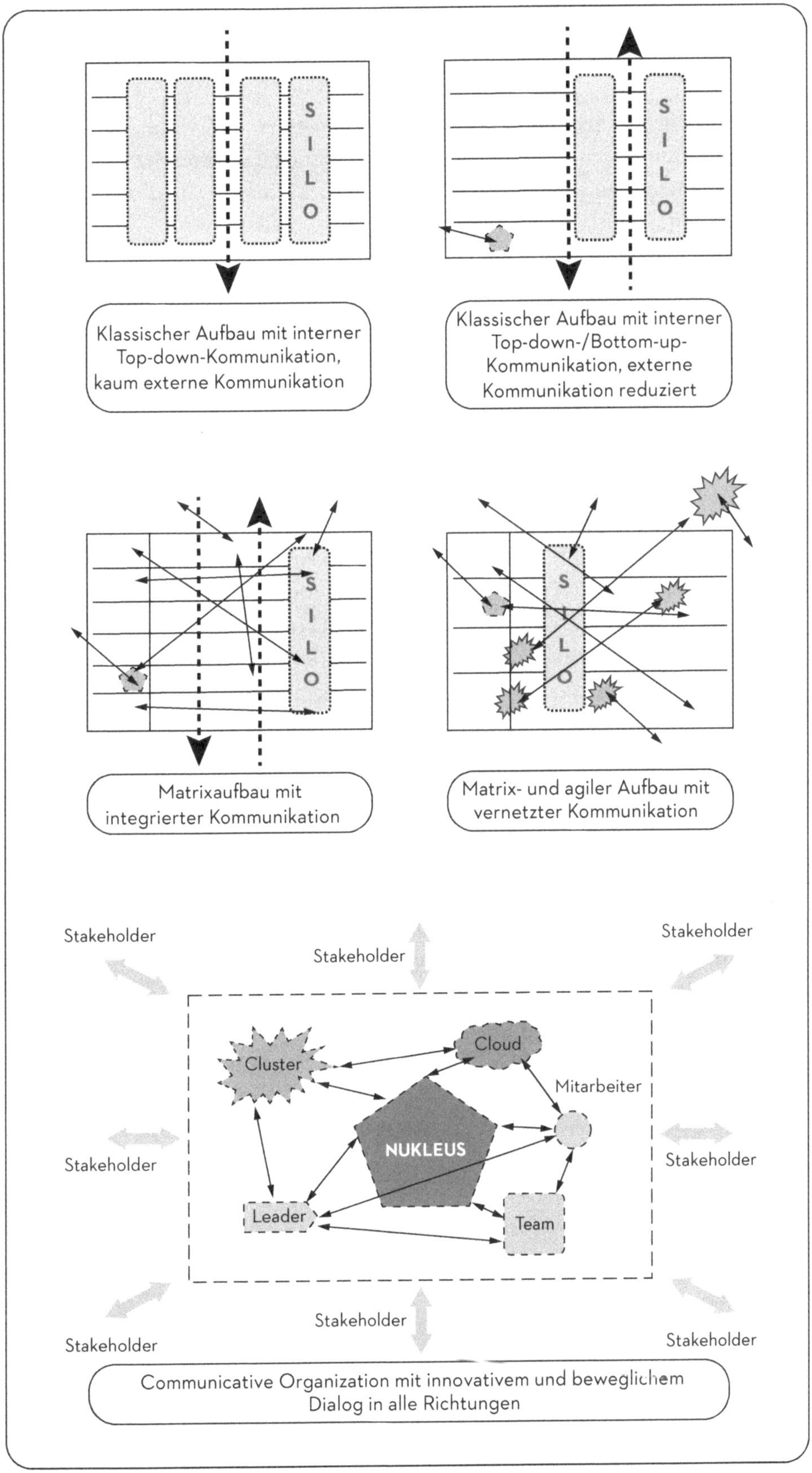

Vom Silodenken über die Matrix zur Communicative Organization

darüber hinaus Rivalitätskriege einzelner Abteilungen und verhindern interdisziplinäre Zusammenarbeit; sie verstärken den Trend zu territorialer Isolation und bestärken Menschen in ihrem Tunnelblick. Für Mitarbeiter bedeutet das meist „gegeneinander" statt „miteinander".

Das Silo-Denken führt dazu, dass wichtige Informationen zur Steuerung des Unternehmens und seiner Geschäftsstrategie in einzelnen Silos versickern oder sogar aktiv blockiert werden. Auch Bottom-up wirkt sich die Kaskadenkommunikation oft desaströs aus. Mitarbeiter haben Angst, Kritik zu äußern, oder geben wichtige Verbesserungsvorschläge nicht weiter. Manchmal fühlen sie sich schlichtweg nicht verantwortlich und schweigen. Manager, die solche Auswirkungen hinnehmen und nichts dagegen tun, immunisieren sich gegen die Weiterentwicklung und Erfolgssicherung ihrer Unternehmen. Warum gibt es trotzdem noch so viele Organisationen mit Silos? Gründe dafür können Angst vor Veränderungen sowie mangelndes Verständnis von Kollaboration sein. Einige Manager favorisieren diese Organisationsform, weil sie ihnen als eine Art Schutzmechanismus dient, andere sehen darin eine bessere Chance für ihr egozentriertes Karrierestreben. Manager, die ihr Unternehmen für die Zukunft digital und wettbewerbsstark ausrichten möchten, müssen sich von Silos und den damit verbundenen Geschäftsprozessen verabschieden. Mit einer Silo-Denke sind weder eine Kunden- noch eine Mitarbeiterzentrierung möglich.

Für Unternehmen kann eine Silostruktur sogar toxische Auswirkungen haben. Es überrascht daher nicht, dass einige Unternehmenslenker sich mit dem Thema schon seit Jahren intensiv befassen. „Es ist die Pflicht des Managements, seine Teams mit der richtigen Denkweise auszustatten, um diese zerstörerische organisatorische Barriere zu durchbrechen", schreibt der weltweit anerkannte Redner und Autor Brent Gleeson in einem Artikel des Magazins „Forbes" über Siloorganisationen. Der Gründer und CEO von TakingPoint Leadership aus Kalifornien warnt Unternehmenslenker vor Ausflüchten: „Viele Führungskräfte führen Abteilungsineffizienzen und fehlende funktionsübergreifende Lösungen auf unreife Mitarbeiter, mangelnde Grundausbildung oder einfach die Unfairness einiger Mitarbeiter zurück. Solche Annahmen werden tatsächlich zu langfristigem Schaden für die Organisation als Ganzes führen, indem sie Ressentiments und Zynismus innerhalb der Teams erzeugen."[24]

Auch die Kombination der immer noch beliebten Matrixorganisation mit dem starrsinnigen Silo-Denken passt nicht zu einem wirklich kundenzentriert agierenden Unternehmen. Bereits jetzt stößt die Matrix an ihre Grenzen, sie ist keine geeignete Organisationsgrundlage für agile Kollaboration. Diese ist jedoch unverzichtbar, wenn Kunden- und Mitarbeiterzentrierung gelingen soll. Das bedeutet: Nur eine flexible Organisationsstruktur ermöglicht bahnbrechende neue Geschäftsideen und -praktiken. Im Idealfall hält der CEO selbst Kundenkontakt. In innovativen Unternehmen wie zum Beispiel Zalando ist diese Praxis schon intensiviert worden. Der CEO liefert alle zwei Wochen Pakete persönlich aus und führt direkte Gespräche mit Kunden, um diese besser zu verstehen. Zudem gibt es bei Zalando ein spezielles Customer Experience Center.

„Es ist die Pflicht des Managements, Teams mit der richtigen Denkweise auszustatten, um die zerstörerische Barriere von Silos zu durchbrechen."

Brent Gleeson, Gründer und CEO von TakingPoint Leadership

Die Kreation einer zielführenden Customer-Journey sollte der Chef nicht einfach delegieren, sondern sich stattdessen aktiv einbringen. Er muss das Verhalten und die Bedürfnisse der Kunden kennen, um Maßnahmen zu entwickeln, wie er sie künftig begeistern und damit dem Wettbewerb immer einen Schritt voraus sein kann. Dieses Wissen ist maßgeblich für die Ausrichtung und Strategie des Unternehmens. „Um den Erfolg in der disruptiven Kommunikation sicherzustellen, müssen Unternehmer ihren Kunden zuhören und Ressourcen einplanen für Mitarbeiter, die diese Unternehmensziele erreichen können", resümiert die University of Southern California in einem Managementseminar für Executives.[25] Der Point of Sale ist auch ein Point of Talk, denn nur im direkten Kundendialog erfahren die C-Level-Manager die Wahrheit über die Akzeptanz und Wahrnehmung ihrer Produkte und Dienstleistungen.

Nur wenige CEOs wagen den Schritt von einer vertikal strukturierten Organisation in eine agil gesteuerte. Der Grund liegt auf der Hand. Diese Transformation ist eine der komplexesten überhaupt – und sie wird noch anspruchsvoller, wenn das Ziel eine vernetzte Organisation darstellt. Sie spiegelt einen komplett anderen Managementansatz mit hohem Potenzial wider, dafür aber ohne Hierarchien. Netzwerk- oder Plattformorganisationen zeichnen sich durch ihre rein prozessualen Strukturen aus. Der Fokus liegt allein auf dem Kundennutzen und Teams arbeiten selbstorganisiert an Produkten und der Wertschöpfungskette. Die Netzwerkstruktur mit eigenverantwortlichen Teams hat sich bisher als Organisationsform nicht durchsetzen können, weil sie einen kulturellen Wandel mit sich bringt, den viele Unternehmenslenker nicht wagen. Sie wollen ihre Autonomie nicht aufgeben.

Als Kompromiss haben viele Konzerne interne Labs geschaffen oder Ausgliederungen in Form von Schwarmorganisationen vorgenommen. Beispiele sind Daimler und Klöckner. Als Teil des Unternehmens agieren interdisziplinäre Teams, die außerhalb der klassischen Arbeitsbereiche und Hierarchien in Selbstorganisation arbeiten und den herausfordernden Themen wie Digitalisierung und Klimawandel mit innovativen Lösungen begegnen sollen. Die Mikroorganisationen sind nicht losgelöst vom Konzern, sondern durch eine inhaltliche Verzahnung mit relevanten Bereichen vernetzt. Auch zu Kunden haben sie direkte Kontakte, schließlich richtet sich alles nach deren Ansprüchen. Nur so können die oftmals als Innovation-Labs oder Future-Hubs bezeichneten Einheiten umsetzbare Zukunftskonzepte entwickeln.

Die Teammitglieder der Schwarmorganisation sind vergleichbar mit Entrepreneuren im eigenen Unternehmen. Sie haben als Selbstverantwortliche höhere Handlungskompetenzen und mehr Verantwortung als ihre Kollegen in der Stammorganisation. Dennoch ist die Schwarmorganisation dem Linienmanagement des Konzerns unterstellt. Eine ganze Reihe von Unternehmen hat Schwarmorganisationen als Pilotprojekte eingeführt. Bisher sind deren Ergebnisse allerdings wenig überzeugend. Entweder werden die Innovationen der Hubs oder Labs in den Stammorganisationen nicht angenommen beziehungsweise blockiert. Oder Manager verbrennen Geld, weil sie Innovationen zur nachhaltigen Effizienzsteigerung von Prozessen und Produktlaunches nicht schnell genug initiieren. Insbesondere den Vorständen von Aktiengesellschaften, die jährlich in der Hauptversammlung Rechenschaft ablegen müssen, fehlt oft der lange Atem. Doch Zukunftsstrategien und Innovationen dürfen nicht von stichtagsbezogenen Ergebniszielen beeinflusst werden, sie brauchen losgelöste Ressourcen zur langfristigen Sicherung der Unternehmenszukunft.

Permanenter Change ist nutzlos

Traditionell eingestellte Manager tun sich erfahrungsgemäß schwer damit, Führung und Verantwortung der Organisation nahezu komplett aus der Hand zu geben und auf selbstorganisierte Teams zu setzen. Das ist nachvollziehbar; und oft ist dieser Wechsel aufgrund strategisch verankerter Konzernstrukturen und Aufsichtsvorgaben gar nicht komplett umsetzbar. Häufig sind auch die Teams mit ihrer neuen Autonomie überfordert. Es ist wenig ratsam, gewachsene Kulturen über Nacht zu eliminieren und den Schalter auf „Nur noch agil" zu drehen. Das kann nicht gelingen und wird bei einem Change kaum Befürworter finden.

Harvard-Professor und Change-Management-Berater John Paul Kotter hat herausgefunden, dass rund 70 Prozent aller angestoßenen Change-Prozesse am Widerstand der Mitarbeiter sowie am Rückfall in alte Muster scheitern.[26] Es ist daher ratsam, für die erfolgreiche Transformation zur Communicative Organization einen erfahrenen Change-Manager oder besser noch einen Interim-Manager zu engagieren, der die Vibes vor Ort spürt und unmittelbar als temporärer Teil des Managements reagieren kann. Denn gescheiterte Veränderungsprozesse wirken toxisch auf die Führungskompetenz. Die Mitarbeiter verlieren den Glauben an ein weitsichtig und konsequent handelndes Management. Das Vertrauen bröckelt. Bei der nächsten Strategieänderung sind sie nicht mehr dabei. Die Erwartungen sind gering und der ein oder andere mag schon an der sicheren Zukunft der Organisation zweifeln – und sich im schlechtesten Fall sogar anderweitig orientieren. In Zeiten des Fachkräftemangels kann das einen herben Verlust für Unternehmen bedeuten.

Das Management muss allen Beteiligten ein klares Zielbild vermitteln und Visionen aufzeigen, vor allem bei einer so umfangreichen Disruption wie der zur kommunikativen Organisation. Sie bringt nicht nur die Veränderung von Prozessen und Gewohnheiten mit sich. Sie erfordert einen neuen Managementstil und eine innovative Denke, gepaart mit einer neuen, zeitgemäßen Kultur. Sie betrifft nicht nur Führungskräfte – sämtliche Mitglieder der Belegschaft werden ihre Arbeitsweisen und -einstellungen verändern müssen. Das Management dieser Veränderung verlangt einen hohen zeitlichen Einsatz, das sollte im Vorfeld jedem klar sein.

Entscheidend für den Erfolg einer Transformation ist also die frühe und permanente Kommunikation des Ziels. Wenn Manager Mitarbeiter führen und motivieren wollen, müssen sie ihnen das Zielbild vorstellen und dessen Vorzüge im Wettbewerb mit anderen Unternehmen herausarbeiten. Der CEO sollte sich jedoch nicht in Details verlieren. Er ist gut beraten, die „Koalition der Willigen“ als Cloud zu gründen. Zu dieser gehören nicht nur Leader, sondern idealerweise Mitarbeiter aus unterschiedlichen Bereichen. Sie werden als „Team der Mitte“ gesehen und nicht als Command-and-Control-Gremium.

Digitalisierung startet mit Listening

Der Changeprozess ist kein Sprint, sondern ein Marathon. Veränderungen setzt der Manager Schritt für Schritt um. Alles beginnt wieder mit Listening – wer gut zuhört, wird viel erfahren. Was ist erforderlich, um Kunden und andere Stakeholder der nächsten Generationen zu überzeugen? Welche Erfahrungswerte liegen vor, welche Veränderung halten Stakeholder für notwendig, welche Erfahrungswerte kann man von anderen Unternehmen übernehmen? Das sind nur einige Fragen, die zur Analyse dienen. Und auch traditionelle Aufgaben wie Ressourcenplanung und Budgetverantwortung sowie regulatorische Vorschriften müssen umgesetzt werden.

> „Rund 70 Prozent aller angestoßenen Change-Prozesse scheitern am Widerstand der Mitarbeiter sowie am Rückfall in alte Muster.“
>
> *John Paul Kotter,*
> *Professor für Führungsmanagement,*
> *Harvard Business School*

Jede Transformation startet im Management. Dort treffen wir Entwickler und Strategen, Entscheider und Promoter, Vorbilder und Vordenker. Wer sich für den Weg zu einer kommunikativen Organisation entschieden hat, muss in der C-Suite den exponierten Platz für den Chief Communications Officer schaffen. Dieser hat nun die verantwortungsvolle Aufgabe, gemeinsam mit dem Chef eine Strategie für die Transformation zu entwickeln und die anderen Vorstandskollegen dafür zu begeistern. Auch Gremien wie Aufsichtsrat und Betriebsrat sollten frühzeitig involviert werden. Sie müssen den neuen Managementstil uneingeschränkt mittragen und auch zur eigenen Veränderung bereit sein. Häufig führt eine Transformation daher zu personellen Veränderungen im Management, vor allem, wenn einzelne Personen harte Einschnitte erfahren. Das ist vielleicht bedauerlich, kann aber auch Chancen bedeuten. Etwa, wenn im Board Plätze für Female Leader frei werden oder Narzissten sich „freiwillig“ anderweitig orientieren. So mancher Kollege wird sich darüber freuen, ungeliebte Widersacher und Stänkerer loszuwerden.

Angst bremst Erfolg aus

Der Change in eine agile und kommunikative Organisation muss detailliert und professionell geplant und von einem Chief Communications Officer mit viel Erfahrung geführt werden. Der gesamte Vorstand und auch die Stakeholder müssen von sämtlichen Facetten der neuen Aufbauorganisation überzeugt und in den Prozess integriert sein. Es gibt eine Reihe von Unternehmen, die schon mehrere Transformationen hinter sich haben. Sie bereiten am Ende einer Veränderung bereits die nächste vor und denken gerne Step by Step, um nicht den Mut für das ganz Große aufbringen zu müssen. Andere Unternehmen wiederum haben Transformationsprozesse gestartet und sind bereits kurz danach gescheitert. Das darf bei einer Disruption zur Communicative Organization nicht geschehen.

Kommunikation ist die Grundvoraussetzung für alles: für moderne Führung, motivierte Mitarbeiter, eine gute Reputation, belastbares Vertrauen, stetige Weiterentwicklung und Innovationen, zufriedene Kunden, hohe Wirtschaftlichkeit, neue Wettbewerbsvorteile und, und, und. Disruptive Kommunikation mag auf den ersten Blick negativ konnotiert sein, aber sie bietet unterm Strich tatsächlich ein positives Netto für alle Stakeholder. Dass Kommunikation maßgeblich für den Erfolg von Unternehmen ist, wissen scharfsinnige Manager schon seit langem. Umso unerklärlicher ist es, dass Kommunikation in vielen Betrieben nicht vom Management oder von qualifizierten Experten gesteuert wird, sondern teilweise von nur mäßig ausgebildeten Mitarbeitern, die mal „irgendwas mit PR oder Marketing“ gelernt haben.

Die Unternehmensberatung Roland Berger schreibt im Mai 2019 in der hauseigenen Publikation „Focus: Strategisch, digital, agil – Wie der Effizienz- und Qualitätssprung in der Unternehmenskommunikation gelingt“: „Unternehmenskommunikation ist in allen Dimensionen herausgefordert.“ Und: „Während Unternehmen längst auf gutem Wege sind, ihre Kernbereiche in Produktion oder Dienstleistung zu digitalisieren, hinken die Kommunikationsabteilungen bei der Modernisierung häufig hinterher." Fünf Pain-Points haben die Analysten von Roland Berger hervorgehoben: „Themen – im Tagesgeschäft gefangen", „Instrumente – falsches Pferd", „Digitalisierung – das große Zögern", „Newsroom – Hinter dem Monitor geht's weiter" und „Teams – Lücken im System".[27]

Die Kommunikationsverantwortlichen kennen ihre Defizite. Laut der Befragung „Organisation der PR 2019" der Quadriga Hochschule Berlin hegten 70 Prozent zumindest teilweise Zweifel an der Effizienz ihrer Leistungserbringung. Gut die Hälfte räumte unnötige Doppelarbeiten und unzureichende Prozessgeschwindigkeit ein. „Nur vier Prozent der 1735 befragten PR-Verantwortlichen schöpften das Digitalisierungspotenzial aus", lautete 2019 die Kernbotschaft.[28] Digitale Tools setzen 30 Prozent der befragten Manager gar nicht ein, weitere 25 Prozent allenfalls selten. „Solche Zahlen decken sich mit den Erfahrungen aus der Beratungspraxis"[29], kommentieren die Roland Berger-Berater in ihrer Studie. Besonders betroffen sind kleine und mittelgroße Organisationen. Marketing-Profi Lea Manthey warnt: „Nicht nur im Hinblick auf Social Media als Kanal, sondern generell im Digitalen hinkt gerade der deutsche Mittelstand im internationalen Vergleich hinterher."[30]

Geringe Digitalkompetenz, fehlende Strategien und mangelnde Effizienz haben auch wir in Beratungsmandaten gesehen. Es ist noch nicht lange her, dass Kommunikation ebenso wie Personal ein Abstellgleis für ausgediente Führungskräfte war. Wir haben unglaubliche Kuriositäten beobachtet und einige Konzepte gelesen, die sich sogar negativ auf die Unternehmensentwicklung auswirkten. Die Verantwortlichen konnten aufgrund ihrer jeweiligen Qualifikation auch gar keinen ganzheitlichen Blick entwickeln und schon gar keine zukunftsgerichtete Kommunikationsstrategie umsetzen, die Megathemen wie Digitalisierung, Nachhaltigkeit und Inklusion umfasste. Auch das Management hatte oftmals seinen Teil zum Scheitern dieses Prozesses beigetragen, indem es die notwendigen Ressourcen sowie erforderliche Weiterbildungen verweigerte.

All das wird sich mit der Transparenz und dem Wissensmanagement der Communicative Organization zukünftig ändern. Um eine derartige Disruption in Unternehmen erfolgreich zu starten und vor allem zu Ende zu führen, müssen viele Vorarbeiten geleistet werden, und es braucht insbesondere in puncto Effizienz und

Leistungsfähigkeit in der Kommunikation eine klare Roadmap. Es geht nicht nur um eine neue Arbeitsweise, sondern um eine ganz neue Unternehmenskultur.

Gegner der Veränderung

Widerstände gegen eine solch umfassende Transformation gibt es häufig in der zweiten Führungsebene. Damit muss man bei der Communicative Organization verstärkt rechnen, denn gerade diese Ebene wird als Hierarchiestufe weit weniger sichtbar sein. Bislang stand sie für Erfolg, Macht und Anspruchsdenken, was vielen Managern gefallen hat. In der Communicative Organization werden diese Führungskräfte Leader und Teammitglieder sein. Je mehr sie sich dort integrieren, desto besser. Die neue Organisationsform verlangt das Verlassen der gewohnten Komfortzone und eine ideelle, mentale und empathische Neuausrichtung. Soziale Verantwortung eines Arbeitgebers und vertrauensvolle Partnerschaft werden Leitmotive für Führung und Motivation. Betroffene müssen daher bereits in die Entwicklung und Gestaltung der Transformation eingebunden werden und selbst mit entscheiden, ob sie ohne Widerstand zur Aufgabe geliebter Gewohnheiten bereit und offen für zeitgemäßes Führen sind. Im Idealfall wird sich die Spreu vom Weizen trennen.

Die neue agile und zukunftsfähige Organisation kann keinen Widerstand dulden. Mitarbeiter sollen nicht nur informiert oder mitgenommen werden, sie sind ein wichtiger Teil der Zieldestination Und das nicht nur vorübergehend während eines Veränderungsprozesses, sondern dauerhaft! Ihre ehrliche, transparente und wertschätzende Einbindung ist somit eine Conditio sine qua non. Die Mitarbeiter bilden das Fundament und verkörpern eine neue Kultur – geprägt von Offenheit und Agilität, von Vertrauen und Respekt. So werden Unternehmen beweglicher und schneller.

Ein Beispiel dafür ist Amazon. Dessen Chef und Gründer, Jeff Bezos, hat 2002 erkannt, dass die vertikale Silostruktur sein Unternehmen lähmte und startete die Veränderung zu einer kommunikations- und agilitätsgeprägten Organisation. Aus der auf Autorität ausgerichteten Hierarchiestruktur wurde ein Kompetenznetzwerk. Ein Schritt, den Bezos noch heute als „Etappensieg für den weltweiten Erfolg von Amazon" bezeichnet. Sein Fazit ist aktueller denn je: „In der heutigen

Ära der Volatilität gibt es keinen anderen Weg, als sich neu zu erfinden. Der einzige nachhaltige Vorteil, den Sie gegenüber anderen haben können, ist Agilität."[31] Der Erfolg gibt Bezos recht.

„Alles deutet darauf hin, dass zunehmende Volatilität, Komplexität und schneller Wandel die neue Normalität sind und innovative Wege erfordern, um den Wandel in Unternehmen voranzutreiben", schreibt John Paul Kotter in einem Artikel für den „Harvard Business Manager" im August 2021. Es gehe darum, „die Mitarbeiter zu mobilisieren, sich aktiv an der Gewinnung von Erkenntnissen, der Erarbeitung von Lösungen und der Übernahme von Führung zu beteiligen".[32]

„In der heutigen Ära der Volatilität gibt es keinen anderen Weg, als sich neu zu erfinden. Der einzige nachhaltige Vorteil, den Sie gegenüber anderen haben können, ist Agilität."

Jeff Bezos, CEO und Präsident, Amazon

Wenn Unternehmen derzeit Transformationen planen, sind echte Revolutionen selten. Es bleibt meist bei kleineren Evolutionen. Diese konzentrieren sich derzeit verstärkt auf Kostensenkungen und Agilität in der Arbeitsweise, was angesichts der Covid-19-Pandemie durchaus nachvollziehbar ist. Unverständlich ist es jedoch, wenn wesentliche Veränderungen zurückgestellt werden, die auf eine nachhaltige Zukunft der Organisation einzahlen, wie etwas das große Thema Digitalisierung. In einem mit Weitsicht geführten Unternehmen muss daher der Change weiter gehen als New Work oder Next Level of Working zu thematisieren. Es geht insbesondere um eine optimale Ausrichtung der Kommunikation, sodass Mobile Work den Mitarbeitern keine Nachteile bringt und Leader ihre Führungsaufgaben ohne qualitative Einbußen erledigen können. Der Dialog muss im Vordergrund stehen!

Future-Back-Thinking skizziert die Roadmap

Um den Kunden ins Zentrum zu stellen, müssen wir zunächst herausfinden, was er sich wünscht. Das erfordert einen ganz bestimmten Ansatz: das Denken vom Ergebnis her. Schon 2012 gab die damalige Bundeskanzlerin Dr. Angela Merkel in einer Rede in Berlin einen Einblick in ihren Managementansatz. Ihr Motto vor jeder Entscheidung lautete: „Respice finem – alles vom Ende her denken." Diese konsequente Ausrichtung von Entscheidungen am Ergebnis ist die unabdingbare Voraussetzung für jedes agile Unternehmen, das sich einer begeisternden Customer-Journey verpflichtet. In der Konsequenz müssen Themen vom Point of Sale das Management und die Entscheider unmittelbar erreichen. Angela Merkel lebte damit den sogenannten Future-Back-Thinking-Managementstil vor, den auch die Verantwortlichen einer Communicative Organization verinnerlichen müssen. Sie richten daran die Roadmap für dauerhaften Erfolg aus. Customer- und Employee-Centricity sowie Communications sind die Treiber des künftigen Wettbewerbs.

„Respice finem - alles vom Ende her denken."

Dr. Angela Merkel,
Bundeskanzlerin a. D.,
über ihre Erfolgsstrategie

„Unternehmenskommunikation entwickelt ihre volle Stärke, wenn sie in Form eines Brand Command Centers die Verständigung aller Stakeholder unterstützt."

Interview mit Lea Manthey, Director Marketing EMEA bei Meltwater

Meltwater ist im Bereich Media Intelligence angesiedelt. Was muss man darunter konkret verstehen?
Media Intelligence vereint die Steuerung von Kommunikationskanälen, also Presse, Social Media und Influencer-Kooperationen in unserem Fall, mit der gezielten Analyse von Beiträgen im Netz, TV, Print u.v.m. Das Ziel ist es, eine Plattform zu schaffen, die dabei unterstützt, Erkenntnisse aus eigenen und externen Quellen aufzubereiten, und es den Nutzern zu ermöglichen, strategische Entscheidungen auf Basis fundierter Analysen zu treffen.

Wie haben sich die Anforderungen an Kommunikation und KommunikatorInnen über die letzten Jahre verändert?
Unternehmenskommunikation – von der klassischen PR über Social Media bis hin zur internen Kommunikation – entwickelt ihre volle Stärke erst dann, wenn sie nicht im Silo der PR-Abteilung existiert, sondern in Form eines Brand Command Centers die Verständigung aller internen und externen Stakeholder maßgeblich unterstützt. Dieses Verständnis setzt sich vermehrt durch.
Auch im Hinblick auf die Erfolgsmessung reicht es schon lange nicht mehr, zu messen wie oft und auf welchen Kanälen eine Marke stattfindet. Vielmehr geht es heute um qualitative Messwerte und darum, wie Kommunikationsmaßnahmen auf die Unternehmensziele einzahlen – von der Reputation über die Erschließung neuer Märkte und die Abgrenzung zum Wettbewerb bis hin zur Analyse entstehender Trends als wichtiger Faktor für die Produktentwicklung.

Welche Rolle spielt das Management?
Man nimmt mittlerweile an, dass bis zu 40 Prozent des Markenwertes direkt mit der Positionierung und Reputation des Managements zusammenhängen – damit ist die aktive Steuerung dieser Kommunikation über Presse und Social Media maßgeblich am wirtschaftlichen Erfolg eines Unternehmens beteiligt. Auf der anderen Seite ist aber auch die Fähigkeit, aus externen Quellen wie Magazinen, Börsennachrichten, Social Media, Foren etc. sogenannte Leading Indica-

tors herauszulesen, essentiell für moderne Führungskräfte. Wir erleben in jedem Bereich einen schnellen Wandel und da gilt es mitzuhalten und Veränderungen am Markt in Echtzeit zu überblicken.

Welche Einblicke kann man, über das eigene Unternehmen hinaus, gewinnen?
Letztendlich kann man Informationen über das gesamte Umfeld gewinnen - die eigene Zielgruppe und Konsumenten, potenzielle Fachkräfte, Wettbewerber, Zulieferer, wirtschaftliche, juristische und politische Änderungen, die einen Einfluss haben können.
Häufig ersetzt Media Intelligence beispielsweise die klassische Marktforschung mithilfe von teuren und zeitintensiven Interviews, Fokusgruppen oder Umfragen und erlaubt ein Monitoring der wichtigsten Entwicklungen und Stimmungen in Echtzeit.

Welche Entwicklungen zeichnen sich für die Zukunft ab?
Einer der größten Fokuspunkte derzeit ist das Thema Nachhaltigkeit. Es geht nicht mehr nur darum, die Reichweite der eigenen Marke zu messen, sondern auch die Positionierung von Mitarbeitern, Führungskräften und Brand im Kontext sozialer, politischer und ökologischer Nachhaltigkeit zu verstehen.
Des Weiteren ist Digitale Transformation als Buzzword zwar schon lange in aller Munde, aber gerade der deutsche Mittelstand hinkt im internationalen Vergleich noch hinterher. Das ändert sich jetzt langsam - auch in der Kommunikation.

Kapitel 3

CINCO: Betriebssystem intelligenter Zukunftsunternehmen

In einer kommunikativen Organisation kommt es auf die vollständige Vernetzung an. Nur so sind eine kollaborative und ökonomisch effiziente Arbeitsweise und die Einbindung aller Stakeholder möglich. Aktuelle Aufbau- und Ablauforganisationen können nicht einmal ansatzweise den künftigen Ansprüchen von Kunden und Mitarbeitern genügen. Ein radikales Umdenken und ein mutiges Konzept sind die jetzt erforderlichen Schritte. Die Unternehmenslenker scheinen dafür bereit zu sein, glaubt man dem „CEO Outlook 2021" der Wirtschaftsprüfungsgesellschaft KPMG. Demnach ist „Top 1 der operativen Schwerpunkte, die Digitalisierung und die weitere Vernetzung des Unternehmens voranzutreiben". So lautet die Antwort der 125 befragten deutschen CEOs. Dazu verfolgen zwei Drittel der Befragten eine „aggressive digitale Investitionsstrategie".[1]

Ein Vorantreiben der bestehenden Digitalisierung innerhalb der Organisationsform reicht nicht. Wir haben für den Prozess, den wir uns vorstellen, ein Bild entwickelt, das Sie durch dieses Buch begleitet: Wer First Mover oder zumindest Fast Follower sein will, muss sich sein Unternehmen wie ein weißes Blatt Papier vorstellen, das nach und nach mit dem neuen Ansatz bestückt und gestaltet wird – es geht darum, das Unternehmen neu zu denken. Das bedeutet Disruption. Alles andere ist allenfalls Revolution mit angezogener Handbremse oder eine Evolution, bei der das Scheitern des Vorhabens fast schon absehbar ist. Egal wie das „Neue" aussieht – es muss kommuniziert werden und zwar in alle Richtungen, zeitgleich und vollständig. Die Option „Aussitzen“ funktioniert nicht, denn die Veränderung des Ökosystems hält nicht an, sondern gewinnt vielmehr an Dynamik.

Digitalisierung wird viel zu oft als willkommener Vorwand verstanden, Maßnahmen zur kurzfristigen Effizienzsteigerung und Kostenersparnis umzusetzen – ein Fehler, der häufig Vorständen von Aktiengesellschaften unterläuft, die ihren Blick allzu sehr auf ihre Berichtspflichten und -termine richten. Sie priorisieren falsch. Es geht nicht um das schnelle Geld, sondern um einen nachhaltig und langfristig stabilen ROI (Return on Investment), der die Zukunft des Unternehmens sichert und Value für alle Stakeholder generiert. Oftmals reden CEOs bei Transformationsplänen von der digitalen Customer-Journey oder Customer-Experience, sie denken dabei aber nicht vom Kunden her. Sie müssen die Disruption wagen, sprich einen grundlegenden Wechsel des aktuellen Geschäftsmodells. Die wesentlichen Treiber für den erforderlichen Change sind Kommunikation und Individualisierung. Alles andere bestraft der Kunde heute oder spätestens morgen mit Desinteresse, Abkehr oder schlimmstenfalls Ächtung.

Mit standardisierten Prozessen und traditionellen Wertschöpfungsketten lässt sich echte Kundenzentrierung nicht realisieren. Selbst wenn Produkte innovativ sind, die Dienstleistungen modern und technisch up to date, so bleibt unterm Strich die Erkenntnis: Mit Konfektionsware und Massenproduktion kann keine Individualität geschaffen werden. Also lautet die Herausforderung: Individualität statt Normierung! Dazu muss man den Kunden kennen. Jeder Kontakt, jede Erfahrung und jeder Dialog an jedem Touchpoint sind wertvoll. Kundenzentrierung erfordert nicht nur ein durch ganzheitliches Profiling erzieltes Wissen über Kunden, ihre Verhaltensweisen und Wünsche, sondern auch dessen sinnvolle Nutzung in Form einer Flexibilisierung und Optimierung sämtlicher Prozesse – transparent und nachvollziehbar.

Kommunikation steht immer auf der Agenda

Im Idealfall agiert eine Organisation zuvorkommend und überrascht Kunden mit Lösungen, die sie selbst noch nicht auf dem Schirm hatten. CEOs und Kommunikationsverantwortlichen bietet sich dazu ein Universum an digitalen Möglichkeiten. Architekten zum Beispiel erstellen Modelle ihrer Werke im Metaverse, um

Auftraggeber von der Kunst ihres Könnens zu überzeugen und sie mit einem virtuellen Ergebnis zu begeistern. Auch andere Branchen wie Automobilhersteller und Forschungseinrichtungen nutzen das Metaverse aktiv, zum Beispiel zur Entwicklung von Design und Anmutung.

Die Communicative Organization ist die innovativste Form der Aufbauorganisation. Sie erfüllt die Ansprüche des sich aktuell disruptierenden Ökosystems mit hoher Effizienz und Nachhaltigkeit. Durch ihre Flexibilität und die Fokussierung auf die relevanten Touchpoints ist sie äußerst agil und jeder aktuellen Organisationsform weitaus überlegen. Der wesentliche Vorteil: Sie ist unmittelbar umsetzbar und entwickelt sich permanent und rasant weiter. Die Verwandlung ist weder eine Rocket-Science noch ein Jahre andauerndes Unterfangen. Durch die Agilität und Flexibilität der Communicative Organization sind Unternehmenslenker in der Lage, nach dem Change die sich permanent verändernden Markt- und Wettbewerbsbedingungen stets umgehend zu integrieren. Die Basis für eine laufende Evolution ist geschaffen, sodass nicht eine Transformation die nächste jagen muss. Eine Roadmap für die Transformation mit wichtigen Tipps im letzten Kapitel zeigt die Richtung auf.

Wissen effizient und nachhaltig managen

Den Maschinenraum der Communicative Organization bildet ein Betriebssystem, mit dem die Unternehmensführung eine komplett vernetzte Form des New Work orchestrieren kann: die Central Intelligence Communication – die CINCO. Distributionskonzepte wie „Push“ oder „Pull“ für relevante Informationen sind von gestern, heute und in Zukunft kann es nur noch „Connect“ geben, und zwar jeder mit jedem, unabhängig davon, welche Funktion Mitarbeiter im Unternehmen haben. Sie verbinden sich und schaffen gemeinsam Mehrwerte für alle Stakeholder.

> „Ein effektives Wissensmanagement erfordert hybride Lösungen aus Menschen und Technologie.“
>
> *Thomas H. Davenport, Wissenschaftler, Berater und Autor*

Die Grundidee ist ebenso einfach wie selbstverständlich: Alle Mitarbeiter inklusive der Führungskräfte profitieren vom Know-how der Kollegen und geben selbst Wissen weiter. Jedes Unternehmen muss ein veritables Interesse daran haben, das Wissen der Mitarbeiter haltbar zu machen, insbesondere wenn man als Arbeitgeber nicht sexy genug ist, um Mitarbeiter begeistern und nachhaltig binden zu können. Der Fachkräftemangel lähmt und schädigt schon jetzt unzählige Branchen und Unternehmen. Das Thema Knowledge-Management wird von Unternehmen entweder komplett vernachlässigt oder hat sie bereits Millionen, wenn nicht Milliarden an Investitionen gekostet. Der Return blieb oft mangels strategisch durchdachter Nutzungspotenziale überschaubar.

Es kommt nicht allein auf die digitale Speicherung an, sondern auch auf diejenigen, die das Wissen nutzen möchten, und auf die Art und Weise, wie es zur Verfügung gestellt wird. Wer einen undurchsichtigen Informationsdschungel schafft, muss sich nicht wundern, wenn Mitarbeiter sich darin verirren. Die erfolgreiche und belastbare Architektur einer zentralen Wissensplattform gelingt nur, wenn sowohl Aufbau als auch Nutzung von vornherein kongruent konzipiert werden. Thomas H. Davenport, vom Magazin „Fortune" als einer der „Top 50 Business-Schools-Professoren der Welt" ausgezeichneter Organisationsberater, rät: „Ein effektives Wissensmanagement erfordert hybride Lösungen aus Menschen und Technologie."[2]

Neben Wissen zählen Daten zu den wichtigsten Ressourcen in Unternehmen. Doch nur wenige Organisationen haben zur optimalen Nutzung dieser Ressourcen eine passende Architektur entwickelt. Der Softwarekonzern SAP hat 2015 getwittert, dass „weniger als 1 Prozent der in Unternehmen vorhandenen Daten analysiert und in Vorteile umgewandelt werden". Die Beratungsgesellschaft Capgemini hat 2020 die Studie „The data-powered Enterprise: Why Organizations must strengthen their Data Mastery"[3] veröffentlicht, nach der datengestützte Entscheidungen erst in 38 Prozent der Organisationen zum Geschäftserfolg beitragen. Zudem vertraut nur jede fünfte Führungskraft den eigenen Daten.

Das ist fatal, weil die Analysten zeitgleich ermittelt haben, dass „datengetriebene Unternehmen bei Kennzahlen zu Kundenbindung, Betriebseffizienz und Kosteneinsparungen um 30 bis 90 Prozent besser als der Wettbewerb abschneiden. Zudem erzielen sie durch neue Produkte und Dienstleistungen eine 19-prozentige und damit um 7 Prozentpunkte höhere Umsatzsteigerung als andere Unternehmen." Dr. Sebastian Olbrich, Leiter Business Data Strategy bei Capgemini, zieht Bilanz: „Die Studie zeigt, dass nur etwa jedes dritte Unternehmen datengestützte Entscheidungen gewinnbringend nutzt. Dies hängt oftmals mit dem Datenbewusstsein auf Geschäftsführungsebene zusammen, das entweder nicht ausgeprägt genug ist oder zu sehr auf etwaige Risiken fokussiert, ohne die immensen Chancen mitzudenken. Dabei ist Data Science an sich werturteilsfrei. Wer die essenziellen Anforderungen an Transparenz, Nachvollziehbarkeit und Datenqualität berücksichtigt, ist in der Lage, durch Data Science immense unternehmerische und gesellschaftliche Mehrwerte zu schaffen."[4]

Zu viel Distanz = verpasste Chancen

Daten bilden die Grundlage für den Einsatz neuer Technologien wie etwa dem Internet of Things (IoT), Blockchain, Künstlicher Intelligenz und Augmented sowie Virtual Reality. Diese Technologien erzeugen ein exponentielles Wachstum von Daten und erfordern deren gezielte Nutzung. Wenn wir in Unternehmen den CEO fragten, wie der Status seiner Digitalisierung und technologischen Transformation ist, gab es im Grunde immer die gleiche Antwort: „Ich vernetze sie mit unseren IT-Experten." Wir ziehen daraus den Schluss: Die Leidenschaft für neue Technologien und deren effiziente Nutzung ist bei Unternehmenslenkern selten ausgeprägt. Wenn wir nach Gründen dafür gefragt haben, lautete eine mehrfach geäußerte ehrliche Antwort, man habe mit so vielen Herausforderungen zu kämpfen und könne sich nicht selbst um dieses komplexe Thema kümmern. Zum Einarbeiten und Erwerben eines ausreichenden Kenntnisstandes sei einfach keine Zeit. Wir haben das dann anders formuliert: „Haben Sie keine Zeit, Ihr Unternehmen zukunftssicher zu machen?"

Vergleichbare Erfahrungen hat auch Dr. Reinhold Bareiß, CEO der Digitalberatung Eagle Peak, schon häufig gemacht: „Die Digitalisierung muss zurück in die Führungsebene, denn sie ist die gestalterische Aufgabe der Unternehmensführung. Sonst ist das Ergebnis die Einführung von Standard-Software, die vielleicht in Kernprozessen erprobt ist, aber keineswegs die Digitalisierung als ganzheitliche Aufgabe unterstützt. Der CEO braucht ein First-Moving-Gen, um sein Unternehmen in die Zukunft zu führen."[5]

Blickt man hinter die Kulissen der Geschäftsmodelle globaler IT-Unternehmen, die sich als Protagonisten der Digitalisierung verstehen, wird klar, warum die Transformation ihrer Kunden so langsam vorangeht. Im deutschen Mittelstand hat Bareiß dafür eine schlüssige Erklärung gefunden: „Vor allem große Player wie SAP und Microsoft werben immer noch mit starrer Standard-Software, wie zum Beispiel Enterprise-Resource-Planning-Systemen (ERP), und nerven mittelständische Unternehmer seit 40 Jahren mit individuellen Anpassungen, Updates und Releases, die immer neue und hohe Kosten verursachen. Das sind gut bezahlte Abhängigkeiten in Form von intransparenten Systemen und damit der Feind von Innovation. Das Handling von Daten treibt nun die Kunden zu einem neuen Mindset. Unternehmen müssen sich zukünftig an ihren Prozessen ausrichten und intelligent digitalisieren, anstatt ihre Organisation den Vorgaben einer Software anzupassen und brav den nächsten Scheck an den Hersteller auszustellen."[6] Digitalberater setzen dazu auf die nächste Generation der mittelständischen Unternehmer. Sie haben eine stabile Haltung, sind aber offen für Systembrüche. Für uns könnte damit „Disrupt your IT" der Titel für ein spannendes Spin-off dieses Buches werden!

TRUE Global Intelligence hat 2020 in der von Splunk beauftragten Studie „Das Datenzeitalter hat begonnen. Sind Sie bereit?" ermittelt, dass zwei Drittel der 2259 international befragten Manager eine Verfünffachung der Datenmenge bis 2025 erwarten. Laut der Studie halten sie Daten für äußerst oder sogar sehr wertvoll für den Gesamterfolg (81 Prozent), die Innovationskraft (75 Prozent) und die Cybersicherheit (78 Prozent) ihrer Unternehmen. Aber: Zwei Drittel der Befragten gaben an, dass in ihren Organisationen mindestens die Hälfte Dark Data seien, also brachliegende und ungenutzte Daten. Prekär ist, dass die CEOs sehenden Auges in die Krise steuern. Denn 57 Prozent gaben an, mit dem exponentiell ansteigenden Datenvolumen nicht Schritt halten zu können. 47 Prozent räumten sogar ein, ihr Unternehmen werde bei einem raschen Anwachsen des Datenvolumens den Anschluss an die Konkurrenz verlieren.[7]

„Wir können anhand konkreter Zahlen belegen, dass Daten weltweit und branchenübergreifend in den Mittelpunkt der Aufmerksamkeit rücken. Die Studie zeigt, dass Unternehmen zwar den Wert von Daten verstehen, jedoch mit der Aufgabe überfordert sind, sich auf die vielen Chancen und Risiken einzustellen, die diese neue Realität mit sich bringt", so Doug Merritt, Präsident und CEO von Splunk. „Es gibt grenzenlose Möglichkeiten für Unternehmen, die bereit sind, schnell zu lernen, sich anzupassen, neue Technologien einzuführen und das Potenzial der Daten zu nutzen."[8]

Die Communicative Organization ist die passende Unternehmensform, um Daten ökonomisch und strategisch ideal zu nutzen. In der CINCO finden das Data-Management ebenso wie das Knowledge-Management und das sogenannte Lean-Information-Management, also die strategisch und operativ effiziente Nutzung von Informationen durch Systeme und andere Quellen, ihren idealen Maschinenraum. Das Data-Warehouse – ein digitales Speichersystem, das große Datenmengen aus vielen verschiedenen Quellen miteinander verbindet und harmonisiert – ist in die CINCO integriert und entsprechend programmiert beziehungsweise vernetzt. Die Kommunikation übernimmt die Planung, Steuerung und Gestaltung effektiver und effizienter Informationssysteme und -prozesse. So kann vorhandenes Wissen durch Daten, Information und Kommunikation als Ressource wertschöpfend für die Erfüllung von Zielen und Arbeitsaufgaben im gesamten Unternehmen verwendet werden. Wissens- und Datenmanagement sind keine statischen Prozesse. Denn Informationen, Daten und Fakten können sich rasant verändern, wie wir es zum Beispiel bei neuen Technologien beobachten können. Deswegen müssen sie ständig hinterfragt, integriert und genutzt werden.

Optimale Usability durch Kundenzentrierung

Bekanntlich entstehen Innovationen oft durch eine neue Kombination unterschiedlicher Wissensfacetten. Darauf machte auch Apple-Gründer Steve Jobs in seiner berühmten „Stanford-Rede" aufmerksam und empfahl zur Entwicklung von Innovationsideen „Connecting the dots" – verbinde die Punkte. Tag für Tag tauschen Unternehmen entscheidende Informationen aus und generieren ganze Datenströme. Sie integrieren Innovationen und neue Technologien und kommunizieren, sie teilen Erkenntnisse über Stakeholder und deren Bedürfnisse und verbreiten intern Maßnahmen, die darauf einzahlen. Dieses gesamte Wissen wird zentriert, strukturiert und so verarbeitet, dass es in Sekundenschnelle gezielt nach Themen oder Fragen abrufbar ist. Es kommt nicht nur auf eine gut durchdachte Ansammlung und Speicherung von Daten und Informationen an, sondern vor allem auf eine optimale Usability. Die Nutzung muss für jedermann praktikabel und verständlich sein, von überall und zu jeder Zeit. Zudem müssen die Themen stets auf aktuellem Stand sein, während der zeitliche Aufwand für das Eingeben und Abrufen möglichst gering gehalten werden muss. Auch hier liefern überwiegend digitale Lösungen die gewünschten Ergebnisse.

Entscheidende Informationen werden auch über persönliche Kontakte generiert und ausgetauscht. Mitarbeiter entdecken wichtige Themen und Trends bei Events wie Seminaren und Messen. Netzwerke wie Berufsverbände, Branchentreffen und Think-Tanks spielen dabei eine besondere Rolle. Es bieten sich jede Menge solcher Gelegenheiten, bei denen relevante Informationen gehandelt werden. Leider bleibt das Wissen häufig irgendwo in der Organisation bei einzelnen Personen oder in Silos stecken. Fühlen sich Mitarbeiter jedoch involviert und interessiert sich das Management für deren Wissen, steigt damit auch die Bereitschaft, das Wissen aus eigenen Quellen zu teilen. Das Team der CINCO kann die Informationen bewerten und an die passenden Adressaten weiterleiten, um den größtmöglichen Nutzen für die gesamte Organisation zu generieren. Das Management hat die Aufgabe, dafür die grundlegende Kultur und Sensibilität zu schaffen.

Gewaltiger Umbruch durch KI und Big Data

Die kommunikations- und kollaborationsfokussierte Organisation profitiert von Daten besonders mittels Künstlicher Intelligenz. Daten sind die neue Währung, doch längst nicht alle Unternehmen haben Daten oder nutzen sie effizient. Gründe dafür sind oft mangelndes Wissen und fehlender Mut zu innovativen Schritten. Fortschrittliche Unternehmen hingegen verfügen über ein Data-Warehouse, in dem Daten aus heterogenen Quellen gesammelt und nutzbar aufbereitet werden. In der Praxis finden sich dort jedoch oft nur standardisierte Informationen und deren Verwertung ist eingeschränkt. Selbst die Nutzung von Big Data – die Verarbeitung von großen, komplexen und sich schnell ändernden Datenmengen – kann das gewünschte Ergebnis nicht erzielen.

Die Komponenten, die unter „Big Data V4“ zusammengefasst werden – das sind „Volume“ (Datenvolumen), „Velocity“ (Geschwindigkeit des Datentransfers), „Variety“ (Bandbreite der Datentypen und -quellen) sowie „Veracity“ (Echtheit der Daten) –, müssten ergänzt werden, und zwar um „Value" (unternehmerischer Mehrwert), „Validity" (Qualität der Daten) und „Visibility" (Transparenz der Daten). Die Ergänzung zu „Big Data V7" sowie die Nutzung moderner Technologien von Künstlicher Intelligenz über Blockchain bis hin zu Voice-Search ist der Anspruch der CINCO. Sie ist einem Data-Warehouse um ein Vielfaches überlegen.

Unternehmensführer müssen nicht zu IT-Experten und Programmierern avancieren, um in einer Communicative Organization Künstliche Intelligenz, Voice-Computing, Blockchain und Algorithmen effizienzsteigernd einzusetzen. Dafür gibt es Dienstleister, die im Idealfall vom Chief Communications Officer beauftragt werden. Der Kommunikationschef konzipiert, entwickelt und aktiviert die CINCO, die auch Wissen und Know-how integriert, das analog und individuell, vielleicht sogar exklusiv in der Organisation vorhanden ist. Wie bereits erwähnt, geht es in zukunftsfähigen Organisationen um Individualisierung statt Normierung. Die Einbindung von Knowledge-Management und Lean-Information-Management rundet die Vielfalt ab und schafft das ultimative Kommunikationstool für Organisationen.

Perfekte Lösung: die CINCO

In der Communicative Organization bündelt die CINCO als Betriebssystem Informationen jeder Art, die unmittelbar effizient wie gewinnbringend genutzt werden können. Im Fokus der KI-gesteuerten und manuell mit Informationen ergänzten Wissenszentrale stehen sämtliche Stakeholder mit ihren jeweils individuellen Bedürfnissen. Sie bilden die Ausgangslage für jede Handlung. Es geht darum, die Customer-Journey vom Kunden aus zu denken und die Employee-Journey aus der Perspektive der Mitarbeiter zu gestalten. Auch die Investors-Journey muss nach den Ansprüchen der Kapitalgeber kreiert werden und das Gleiche gilt für mögliche weitere Stakeholder. Das gesamte Betriebssystem wird strukturell auf einen optimalen Stakeholder-Value programmiert. Das Mindset des CEO und aller Teams muss das verinnerlichen. Die gesamte Belegschaft wird neu denken, handeln und kommunizieren, um zukünftig erfolgreich zu sein. Kommunikation ist keine Option, sondern unverzichtbare Grundlage.

Eine Vernetzung und Datennutzung wie die der CINCO lässt sich nicht ohne ein durchdachtes System erzielen. Vor allem global und über mehrere internationale Standorte wird es sportlich. Je besser der Prozess organisiert ist, desto effizienter wird der Austausch und umso stärker wird die Wettbewerbsposition des Unternehmens sein. Künstliche Intelligenz ist eine Querschnittstechnologie. Nur im Zusammenspiel mit manueller Daten- und Informationserhebung wird sie den Ansprüchen der CINCO gerecht. Die KI-Komponente kann im Idealfall auf Basis der SaaS (Software as a Service) genutzt werden. Dienstleister wie SAP, Adesso oder Salesforce entwickeln Programme mit optimierter Nutzung. Joachim Schreiner, DACH-Chef von Salesforce, schreibt in der Publikation „Die Zukunft des deutschen Content-Center- und CRM-Marktes“ des Beratungshauses PwC: „Mit Daten schaffen Unternehmen ein individuell personalisiertes Erlebnis für ihre Kunden. Dazu braucht es Künstliche Intelligenz, denn die Individualisierung für Tausende oder gar Millionen von Kunden kann nur automatisiert erfolgen.“[9]

Die Verbindung von technischem Fortschritt und wertschätzender Arbeitsatmosphäre ist das Prädikat der Communicative Organization und deren Herzstück, die CINCO, das beeindruckende Ergebnis dieser Symbiose. Für jeden Lenker, Visionär und Game-Changer ist die kommunikationszentrierte Organisation mit durchdachten End-to-End-Prozessen das Erfolgsrezept für die Zukunftssicherung eines Unternehmens. Thomas H. Davenport erlangte mit seiner Theorie der „Drei-Analytics-Ära von Unternehmen“ – also der Typologie von Reifegraden von Organisationen in Bezug auf ihre Datennutzung – weltweit Popularität und Zuspruch. Er kommt in der Analyse 3.0, also der Phase, in der Unternehmen in ihrer Branche über Datenanalyse konkurrieren, zu dem Schluss, dass „Unternehmen Datenspuren hinterlassen, die gesammelt und analysiert werden müssen, um inkrementellen Wert zu schaffen als notwendigen Input für eine viel genauere Entscheidungsfindung“. Seiner Ansicht nach sind „solche Analysefunktionen heute ein grundlegender Treiber für die Entwicklung immer wertvollerer Produkte und Dienstleistungen“.[10]

Ideale Schnittstelle ins Web 3.0

Die CINCO erfüllt modernste Standards und ist bereits auf die Anforderungen des Web 3.0 ausgerichtet. Darin werden Daten nicht mehr zentral gespeichert, sondern dezentral vernetzt und gemanagt. Wichtig ist dabei die Interaktion mit Daten, das heißt, Software oder Tools müssen Informationen in ihrem Konzept und Kontext verstehen und entsprechend verarbeiten. Der Einsatz und die Kooperation von Künstlicher Intelligenz, Blockchain und anderen Technologien wird das Netz menschlich intelligenter machen und eine noch höhere Anpassung an die Bedürfnisse der Nutzer und der Produzenten von Inhalten ermöglichen. Über eine eindeutige Beschreibung von Inhalten wird ihr Bezug zu anderen Themen interpretierbar und auch Computer sind in der Lage, Bedeutungen zu verbinden und somit besser zu verstehen. Damit lässt sich die immer weiter zunehmende Datenfülle besser beherrschen. Die CINCO ist analog zum Web 3.0 aufgestellt und kann das neue Internet problemlos verstehen, ohne Brüche oder komplizierte Übersetzung.

Der Erfinder des World Wide Web, Tim Berners-Lee, spricht in diesem Zusammenhang vom Semantic Web, das eine automatische Schnittstelle zu Systemen, Menschen und Haushaltsgeräten bilden soll. An dieser Schnittstelle wird auch die CINCO interagieren und auf einen idealen Counterpart ihrer eigenen internen Konfiguration treffen, der ebenfalls Kontexte entschlüsseln und bewerten kann. Auch dreidimensionale Welten, wie vom Meta-Konzern vorgeschlagen, benötigen den Web-3.0-Standard. Persönliche Sprachassistenten und Chatbots sind bereits Meilensteine auf dem Weg in diese Zukunft und werden sich Stück für Stück in den Alltag der Menschen integrieren. Sie werden auch in der Communicative Organization eingebunden. Nicht zuletzt ist die CINCO dank ihres neuronalen Charakters eine ideale Schnittstelle ins Web 3.0, das langfristig auch wie ein menschliches Gehirn funktionieren soll. Im Web 3.0 wird eine unfassbar riesige Plattform an Wissen entstehen, bei deren sinnvoller Nutzung Unternehmen mit einer Communicative Organization und der CINCO einen fast uneinholbaren Wettbewerbsvorsprung haben werden.

Informationslücken in der C-Suite

Schon ein kleiner zeitlicher Wissensvorteil kann Managern eine ansehnliche Wirkungsmacht verleihen, etwa wenn es um Übernahmeprozesse oder Bieterstreits geht. Doch in der Praxis ist die Chefetage häufig nicht optimal informiert, es gibt teilweise eklatante Wissenslücken. Das haben wir als Kommunikationsverantwortliche leider mehrfach „live“ erlebt. Der Pressespiegel und ein paar Jour fixes reichen nicht aus, um das Management mit relevanten Themen zu versorgen. Es kann auch nicht sein, dass die zweite Reihe nach Belieben selbst entscheidet, welche Informationen für den CEO relevant sind. Deep Dives und Steering-Comittees können Abhilfe schaffen, doch diese Meetingformate stoßen an ihre Grenzen und kosten das Topmanagement wertvolle Zeit. Der CEO hat jedoch keine Zeit für lange Meetings, er braucht wesentliche Informationen, die er im Idealfall in wenigen Minuten erfassen kann. Cockpits oder Dashboards, also Steuerungsmasken der Business Intelligence auf dem Screen, sind eine ideale Form, denn visuell dargestellte Informationen werden schneller erfasst und bleiben haften.

Zu einem unserer Beratungsmandate wurden wir gerufen, um die Krisenkommunikation zu übernehmen und das Vertrauen der Kunden sowie die gute Reputation des Unternehmens zurückzugewinnen. Das geschah leider in einem sehr späten Stadium, sodass schon wertvolle Zeit verstrichen war und die Kundenabwanderung in großem Stil bereits begonnen hatte. Der Hintergrund: Das Unternehmen hatte im Zuge einer notwendigen systemischen Umstellung seinen Kunden unverschuldet nicht mehr die Leistungen bieten können, die sie gewohnt waren, und konnte auch keine vergleichbaren organisieren. Die Kunden selbst erlitten teils großen Schaden.

Bereits während unserer Erstanalyse wurde schnell deutlich, dass die Kunden keine Informationen über das Geschehen und die Gründe für das Versagen bekommen hatten, ebenso wenig wie Antworten auf ihre drängendsten Fragen – von einer Entschuldigung mal ganz abgesehen. Diese mehr als unglückliche Situation war dem Topmanagement vollkommen unbekannt. Die Unternehmenslenker wussten bis zu unserer Analyse nicht, was am Point of Sale tatsächlich los war, und noch schlimmer: Die Geschäftsführung hatte folglich auch die Mitarbeiter nicht informiert und diese waren somit nicht in der Lage, mit den Kunden angemessen zu kommunizieren. Kein Wunder, dass zahlreiche Mitarbeiter in der Folge die Organisation frustriert verließen. Eine gravierende Abwanderung von Kunden war ebenfalls unvermeidlich.

Immerhin konnten wir erreichen, dass Kunden und Mitarbeiter nach unserem Start umgehend Informationen erhielten, das Management die Vorfälle erklärte und, was besonders wichtig war, die Pläne zur Behebung aller Probleme skizzierte. Die Aufgabe, verloren gegangenes Vertrauen zurückzugewinnen, ging zeitlich weit über unser Mandat hinaus. Der tatsächliche Reputationsverlust zeigt sich grundsätzlich erst nach der Krise in vollem Ausmaß. Wir machten in diesem Fall für den Großteil des Schadens die unzureichende Einbindung und die mangelnde Kommunikationsbereitschaft des Managements verantwortlich, ebenso wie das Zurückschrecken vor notwendigen Maßnahmen. Mehrere Vorstände verließen in der Folge das Unternehmen. Dieses Beispiel belegt, dass funktionierende Kommunikation Managern den Job retten kann. Dafür gibt es auch zahlreiche vergleichbare Beispiele.

Einfach Lisa oder Johnny fragen

Das Beispiel zeigt zudem eines sehr deutlich: Der Vorstand kann nicht mehr vom Thron aus regieren, er muss sich unter die Belegschaft mischen, um aktiv das Geschehen seiner Organisation verfolgen und führen zu können. Er muss wissen, was Kunden bewegt, wie sie das Unternehmen erleben und welche potenziellen Verbesserungen es gibt. Und er muss wissen, wenn es irgendwo hakt. Um all dieses Wissen zu komprimieren, gibt es die CINCO als Speicher im Unternehmen, die den Vorstand mit Wissen und Informationen versorgt, ihm so relevante Entscheidungsgrundlagen liefert und seine Arbeit einfacher und schneller macht.

Wichtiger ist jedoch der Kommunikator, der den Wissensbedarf und die Lage des CEO richtig einschätzen kann. Ulrich Schuhmann, Chef der Schuhmann Personalberatung: „Kommunikatoren sollten sich, wollen sie vom Management ernst genommen werden, auf ihre neue Rolle vorbereiten. Ziel muss es sein, strategischer Partner ‚auf Augenhöhe' im Management zu werden. Dafür muss der ‚Kommunikator der Zukunft' auch Business-Prioritäten verstehen. In kommunikationswissenschaftlichen Ausbildungen rückt dieser Aspekt zwar zunehmend ins Blickfeld der Curricula, doch muss er dort noch seinen adäquaten Platz finden."[11]

Der CEO stellt sich sein Cockpit mit seinem Informations-Setup zusammen, das ihm relevant erscheint, und bestimmt selbst über seinen Kenntnisstand. Diesen kann er jederzeit erweitern oder verringern. Zeitgleich entscheidet aber auch der Chief Communications Officer über Informationen, die der CEO unmittelbar erhalten sollte. Der CEO muss sich darauf verlassen können, dass er stets aktuell und notfalls ad hoc informiert wird. Die CINCO ermöglicht dem Topmanagement eine voll umfängliche Informationsbeschaffung – bis ins kleinste Detail. Und das quasi in Lichtgeschwindigkeit. So bekommt der Manager auf eine Frage an den unternehmensinternen Voice-Computer direkt die Antwort. Das erspart ihm das Lesen aufwendiger Analysen und Entscheidungsvorlagen. Er fragt einfach Lisa, Emma oder Johnny – oder wie immer er seinen Sprachassistenten nennen mag.

Signifikante Schäden durch lähmende Angst

Relevante und gut recherchierte Informationen dienen Managern als Entscheidungsgrundlage. Denken und handeln müssen sie weiterhin selbst. Doch gerade darin liegt oftmals die Krux. Wir haben in Beratungsmandaten häufig erlebt, wie zögerlich manche CEOs agieren und wie sie grundlegende Entscheidungen hinauszögern oder zu vermeiden versuchen. Ein Beispiel: Während eines Interim-Managements haben wir dem CEO anhand zuverlässiger Fakten schwarz auf weiß beweisen können, dass zwei seiner Bereichsleiter ihn betrügen. Davon war er nicht nur persönlich betroffen, der Betrug hatte Auswirkungen auf das gesamte Unternehmen. Die einzig richtige Maßnahme musste der Rausschmiss sein, schließlich war die Dokumentation wasserdicht. Stattdessen passierte: nichts. „Ich habe keinen Ersatz für die beiden“, lautete die Erklärung des CEO.

Dieses Beispiel belegt: Wenn es um drastische Maßnahmen geht, um Sanktionen oder konsequentes Handeln, scheuen Manager gerne vor Entscheidungen und Maßnahmen zurück. Wir haben mehrfach in C-Suiten erlebt, dass die Angst, etwas falsch zu machen, enorm groß ist und Manager lähmt. Moderne Unternehmen streben eine positive Fehlerkultur an, doch das ist vielfach nur Wunschdenken. Und Utopie – wenn die Fehlerkultur mit vorsätzlichem Fehlverhalten torpediert wird. Was daraus entsteht, ist eine Welt für Narzissten. Sie sind mit ihrem autokratischen Führungsstil und dem Drang nach Geltung und Anerkennung vor allem beim Führungsnachwuchs zu finden. Der Schaden, den sie bei Mitarbeitern und in der Unternehmenskultur anrichten, ist immens und zerstört langjährige Aufbaumaßnahmen. Vorstände sind Vorbilder. Doch ehrlich gesagt, dominieren in vielen Chefetagen noch immer Hühner- und Hahnenkämpfe das Bild und bestimmen das Vorgehen bei Fehlern. CEOs sollten stets ein wachsames Auge auf die weiteren Führungskräfte haben und keinesfalls zu viel Macht in einer Person vereinen.

Das muss sich ändern. Denn Digitalisierung, neue Wettbewerber, anspruchsvollere Kundenbedürfnisse und technologische Innovationen erfordern von Managern rasche und teils drastische Entscheidungen. In vielen Unternehmen passiert allerdings das Gegenteil: Veränderungen im Markt werden so lange analysiert und diskutiert, bis der Wettbewerb vorbeigezogen ist. Von allein lösen sich solche Probleme nicht, also funktioniert das gern genommene „Aussitzen“ auch nicht. Mit der CINCO als Frühwarnsystem ist der Kommunikator in der Lage, Analysen auf das Wesentliche zu konzentrieren und prägnante Vorlagen für Diskussion und Entscheidungsfindung des Managements zu gestalten.

Stolperfallen

Wie wichtig eine zentrale Wissensbasis ist, zeigt auch folgendes Beispiel: Fragen Sie zehn Führungskräfte eines Unternehmens, wie die aktuelle Unternehmensstrategie aussieht. Sie werden mindestens fünf unterschiedliche Aussagen erhalten. Selbst einfache Fragen nach der Zahl der Mitarbeiter, der aktuellen Frauenquote in Führungspositionen oder dem prognostizierten Jahresgewinn werden oft unterschiedlich beantwortet. Das Thema gewinnt an Brisanz, wenn Führungskräfte aus Scham nicht zugeben wollen, dass ihnen dieses Wissen fehlt und lieber eine falsche als keine Aussage treffen. Das führt langfristig zu Frustration und kann der Organisation massiven Schaden zufügen. Außerdem wird die eigene Reputation beschädigt. Schon deswegen werden sämtliche Leader und Repräsentanten dankbar für die CINCO sein. Deren Sprachassistent wird zum persönlichen Assistenten und schützt sie als Chatbot vor Falschaussagen und Fehlinterpretationen.

Mangelndes Basiswissen und Inkonsistenz bei Repräsentanten ist schädlich für Unternehmen, für deren Reputation, Glaubwürdigkeit und Vertrauensbildung. Je größer Unternehmen sind, desto wahrscheinlicher trifft man auf unterschiedliche Aussagen und Diktionen. Mit definierten Key-Messages, Topics oder ganzen Konstrukten wie sogenannten Message-Houses, Content-Hubs oder Communications-Guidelines steuern Kommunikationsabteilungen dem heute entgegen. Doch haben nicht alle Mitarbeiter Zugang zu diesen Ausarbeitungen. Und auch hier sollte die Kommunikation maßvoll agieren. Sprachregelungen geben eine wichtige Orientierung, sollten aber nicht allzu kleinteilig vordiktiert werden. Sie geben zwar Sicherheit und motivieren Führungskräfte zur Kommunikation im Rahmen von Leitplanken, doch leidet oftmals die Authentizität der Kommunikation. Allzu enge Sprachregeln ermuntern leider nicht zur Kommunikation, sondern lassen ungeübte Manager unglaubwürdig und semiprofessionell wirken. Anders ist das bei der CINCO, sie trainiert und unterstützt alle Mitarbeiter in dialogzentrierter Kommunikation.

Schutz vor Cyberattacken

Die CINCO versorgt Management und Mitarbeiter mit Informationen; sie hat Fakten und Themen aufbereitet und geprüft bereitgestellt. So kann jedes Board-Member, jede Führungskraft und jeder Mitarbeiter gemäß den jeweiligen Zuständigkeiten und Interessen ein individuelles und vollständiges Executive Summary abrufen, mit Voice-Computing oder in Form von Dashboards. Die ergänzende Information kommt vom Kommunikationsverantwortlichen direkt, der zusätzlich zu einem automatisierten Prozess Einordnungen und Kommentierungen vornehmen kann. Die Informationen der CINCO halten auch kritischen Diskussionen stand; sie werden nicht nur inhaltlich rechtlich geprüft, sondern insbesondere im Hinblick auf Datenschutz, Datenspeicherung und Urheberrechte. Die Informationen der CINCO brauchen diese Legitimation, es ist wichtig, alle Gesetze und Vorschriften zu beachten.

Eine besondere Bedeutung für die CINCO hat deshalb natürlich die IT-Abteilung. Sie verantwortet die Cyber-Security und prüft sämtliche einfließenden Informationen unter IT-Sicherheitsaspekten. Der Schutz der CINCO gegen Cyberattacken hat höchste Priorität. Die CINCO ist das wertvollste Element einer Communicative Organization und für deren Erfolg ausschlaggebend. Für Wettbewerber und Hacker avanciert sie damit zum Objekt der Begierde. „Zwar führen externe Angriffe auf Unternehmen zu den teuersten Cyberversicherungsschäden. Fehler von Mitarbeitern und technische Probleme sind hingegen zahlenmäßig die häufigste Ursache für Schadenfälle in der Cyberversicherung." Zu diesem Ergebnis kommt der im November 2020 erschienene Bericht der Allianz Global Corporate & Specialty (AGCS): „Managing The Impact Of Increasing Interconnectivity – Trends In

Cyber Risk". Die Studie analysiert 1736 cyberbezogene Versicherungsansprüche in Höhe von 660 Millionen Euro.[12]

Catharina Richter, globale Leiterin des Allianz Cyber-Kompetenzzentrums, rät: „Obwohl Cyberkriminalität die Schlagzeilen beherrscht, sind es vielfach alltägliche Systemausfälle und menschliche Fehler, die Unternehmen große Probleme bereiten, selbst wenn ihre finanziellen Auswirkungen meistens nicht so gravierend sind. Arbeitgeber und Arbeitnehmer müssen deshalb zusammenarbeiten, um das Bewusstsein für diese Gefahren zu schärfen und die Cyber-Resilienz zu erhöhen." Vor allem „Ransomware"-Attacken fürchten Unternehmenslenker. Damit legen Hacker über Verschlüsselungstheorien und -software Computernetze und Betriebssysteme lahm und erpressen von den Firmen deren Entsperrung. „Betriebsunterbrechungen sind der Hauptkostentreiber für Cyberschäden und machen etwa 60 Prozent der Schadensummen aus, an zweiter Stelle stehen Kosten für die Bewältigung von Datenpannen", heißt es in der Studie. Aber: „Ransomware-Angriffe nehmen weiter zu."[13]

Die CINCO schützt sich vor Attacken durch eine doppelte und bidirektionale Membran, die für Kommunikationsströme durchlässig ist, aber deren dezentral durch Blockchain-Technologie gesicherte Administrationspunkte laufend durch Cyberexperten überprüft und optimiert werden. Sie blockieren unautorisierte Zugriffe und Änderungen. Inhaltlich und rechtlich prüfen eine Experteneinheit, das CINCO-Care-Team rund um den CCO sowie spezialisierte Dienstleister eingehende Informationen und Daten vor der Einspeisung und Verarbeitung durch die CINCO.

Disruption der Corporate Communications

Eng verbunden mit dem Thema Cyber-Security ist auch der Chief Communications Officer. Er reagiert nicht nur. Schon bevor es um eine neue Strategie geht oder um neue Geschäftsfelder, ist er mit seinem umfangreichen Wissen und tiefen Kenntnissen eine zentrale Schlüsselfigur und berät das Management mit unternehmerischem Scharfsinn. Dazu kann er sämtliche Vorteile der innovativen Wissensbasis der CINCO nutzen und Schlaglichter auf relevante Themen werfen. Die CINCO bringt weit mehr Informationen zusammen als jedes andere bisher etablierte Modell: Erfahrungen vom Point of Sale oder aus dem Beschwerdemanagement, Kundenstimmen aus Bewertungsportalen, Studienergebnisse zu bedeutsamen Themen, Informationen über Wettbewerber – einfach alles, was zugänglich ist und eine Relevanz für das Führen und Arbeiten in einer erfolgreichen Organisation hat.

Um das Wissen zu optimieren, geben die Verantwortlichen der CINCO Befragungen in Auftrag, analysieren Bewertungsreports, sprechen mit dem Beschwerdemanagement und Call-Centern, erstellen Auswertungen vom übersichtlichen Dashboard bis zu detaillierten Studien mit kommunikativen Handlungsempfehlungen. Neben dem Verhalten von Kunden werden auch gesellschaftliche, politische und regulatorische Themen aufbereitet und antizipiert. Ein zeitlicher Vorteil, um zum Beispiel auf neue Gesetzesinitiativen reagieren zu können, kann immens wertvoll sein. Oder der Launch eines neuen Produktes in kürzester Zeit.

Geleitet und weiterentwickelt wird das kommunikative Betriebssystem vom Chief Communications Officer und seinem CINCO-Care-Team. Dieses besteht nicht mehr nur aus klassischen Corporate-Communications-Mitarbeitern, sondern wird ergänzt um IT-Experten, Analysten, Innovation-Scouts, Knowledge-Manager, Datenexperten et cetera. Der CCO von heute braucht selbst ein analytisches Verständnis, eine Affinität zur Technik und visionäres Denken, um über mögliche Anwendungsbereiche digitaler Tools in der Kommunikation zu entscheiden und eine virtuelle Infrastruktur zu entwickeln. Mit der CINCO disruptiert der CCO die klassischen Corporate Communications.

Ein System wie die CINCO mit dieser umfassenden Ausrichtung und aktiven Nutzung von maschinellem Lernen sowie Knowledge-Management, Lean-Information-Management und Big Data V7 ist uns in Unternehmen bisher nicht begegnet. Zwar nutzen vor allem Konzerne und größere Unternehmen Künstliche Intelligenz, aber die konsequente Vernetzung und Zentrierung sowie kommunikationsgesteuerte Nutzung in Richtung aller Stakeholder mit Einbindung sämtlicher Mitarbeiter ist neu. Auch mit der Digitalisierung hapert es in vielen Organisationen. Der „European Communications Monitor 2021“, für den 2664 Kommunikationsverantwortliche aus 47 Ländern befragt wurden, zeigt einen Missstand auf: 90 Prozent der Befragten halten die Digitalisierung der Kommunikation für dringend erforderlich, aber 40 Prozent der Befragten fühlen sich der Digitalisierung von Kommunikationsprozessen nicht gewachsen.[14]

Newsroom ist überholt

Digitalisierung bedeutet aktuell für viele Kommunikatoren ein gutes Monitoring, Social-Media-Kommunikation sowie automatisierte Contentproduktion für die zeitgleiche Distribution in verschiedenen Kanälen. Aktuell beschäftigen sich viele Unternehmen mit der Installation und Weiterentwicklung von Newsrooms, um schneller und effizienter kommunizieren zu können. Eine exakte Definition dafür gibt es nicht. Der Newsroom entwickelte sich als strategischer Ansatz aus der integrierten Kommunikation, um sie noch zentraler steuern zu können. Themen werden einzeln betrachtet, um ebenso attraktiven wie effizienten Content für die gewünschte Zielgruppe zu produzieren. Die jeweiligen Distributionskanäle, die die Corporate Messages zielgenau platzieren, werden zuletzt definiert. In der Kommunikationsbranche hat der Newsroom noch viele Anhänger. Doch selbstkritischen CCOs reicht das Konzept nicht aus, um eine effiziente und erfolgreiche Kommunikationsarchitektur zu erzielen.

Die Bedeutung und die Definition des Newsrooms sind in den Unternehmen recht unterschiedlich. Für die einen ist er eine Redaktionszentrale zur effizienten Aufbereitung von Content für Marketing und PR – also eine Content-Factory oder ein Content-Board. Für die anderen ist der Newsroom der Pressebereich auf der Website, um an zentraler Stelle die Beiträge des Unternehmens zu veröffentlichen – und damit etwas mehr als ein digitaler Pressespiegel, vielleicht noch angereichert um ein paar Presseinformationen, Unternehmensfotos und Geschäftsberichte. Wird auf der Website noch Online-Content in Form eines digitalen Schaufensters gebündelt, sprechen viele von einem Social-Media-Newsroom. Wir finden: Dialog sieht anders aus. Wikipedia bezeichnet den Newsroom als zentralen Arbeitsplatz, an dem aktuelle Nachrichtenmeldungen eingehen – auch Newsdesk genannt. Gemeint ist damit eher ein innovatives Raumkonzept mit übergroßen Bildschirmen, Whiteboards und High Desks, weniger eine Kommunikationsstrategie. Der Vollständigkeit halber ist der „Newsroom“ auch noch eine von 2012 bis 2014 ausgestrahlte US-amerikanische Fernsehserie. Mehr nicht.

Ein Newsroom soll aus Unternehmenssicht Silos auflösen, alle Kommunikationsdisziplinen unter einem Dach bündeln und positiv aufgeladenen Content für die eigene Organisation produzieren. Im Grunde ist jeder Newsroom nur so gut wie die Organisation, in die er eingebettet ist. Und da sind gerade die großen Player oft erstaunlich oldschool. Wissen bedeutet eben Macht und mancher Manager nimmt es lieber in Kauf, Innovationen und öffentliche Aufmerksamkeit zu blockieren, um sich nicht selbst verändern zu müssen. Wirklich interessante Themen bleiben besser unter Verschluss.

Das Mediahouse von BMW oder FC-Bayern-München-TV gehen noch einen Schritt weiter. Sie lassen den Medien kaum noch Raum, bei wichtigen Ereignissen eigenen Content herzustellen. Die Journalisten sollen das vom Unternehmen selbst produzierte Material verwenden. Ein beliebtes Argument für dieses Vorgehen ist, dass die Unternehmen den Medienvertretern so teure Produktionen ersparen. Zudem könne der verfügbare Content unmittelbar ohne großen zeitlichen Aufwand genutzt werden. Wir waren selbst Medienvertreter und halten von dieser Art Newsrooms gar nichts. Journalisten, die ihren Job ernst nehmen, sind um eine individuelle und unabhängige Berichterstattung über Sachverhalte und Geschehen bemüht. Vorproduzierte Inhalte, die an multiple Adressen gerichtet sind und nur die Interessen der Herausgeber spiegeln, sind ein Widerspruch in sich. Wer unabhängigen Journalismus und Pressefreiheit unterstützen will, hat Antworten auf Fragen von Medienvertretern, gewährt ihnen Einblicke ins Unternehmen und ist vor allem direkt erreichbar.

Das ist auch der Grund, warum wir in all unseren Funktionen in den unterschiedlichsten Unternehmen nie einen Newsroom aufgebaut haben. Der direkte Kontakt zu Journalisten, der Austausch und die Zusammenarbeit bringen aus unserer Sicht einen wesentlich höheren Mehrwert für eine Organisation als die anonyme Selbstdarstellung über hauseigenen Content. Individualität war schon immer ein Prädikat guter Pressearbeit. Zu einer Effizienzsteigerung kommt es, wenn Kommunikationsverantwortliche ihre Sprecherfunktion wahrnehmen, bei der Erstellung individualisierten Contents unterstützen und glaubwürdige Gesprächspartner für Journalisten sind. Spätestens mit der CINCO ist der Newsroom überholt.

Kommunikation wird komplex und offen

„Kommunikationsfachleute müssen sich stärker dafür einsetzen, Prozesse, Strategien, Entscheidungen, Dokumente und vieles mehr aus einer kommunikativen Perspektive zu bewerten. Anstatt zu versuchen, Kommunikation zu vereinfachen und auf eine Frage von Inhalten, Botschaften und Medien zu reduzieren, sollten Experten Kommunikation komplexer gestalten und ihre eigene Rolle und Bedeutung in der Organisation festigen", meinen die Forscher der Studie „Communicative Organization"[15]. Der Chief Communications Officer hat einen großen Anteil am Unternehmenserfolg und ist bereits in der Entwicklungsphase ein kompetenter Navigator. Magnus Hüttenberend, CCO von TUI Musement und Verantwortlicher für die Digitale Kommunikation im TUI-Konzern, berichtet aus der Praxis: „Meine Erfahrung ist, dass gerade Top-Führungskräfte sehr dankbar für die Perspektive der Kommunikation sind. Gerade in schnellen, internationalen Branchen, aber auch in Krisenzeiten sowie in Bezug auf Richtungsentscheidungen ist die Stimme der Kommunikationsvernunft kein schlechter Ratgeber."[16]

Der Newsroom ist also überholt und kann allenfalls für einen geringen Teil der Kommunikation genutzt werden. Mit der CINCO verliert der Newsroom seine Bedeutung vollständig, da Kommunikation nichts Exklusives mehr ist. Das Unternehmen lebt durch Kommunikation und wird transparent. CEOs sollten Geheimnistuerei und Verschleierung ein Ende setzen. Wer ein Unternehmen gut und vorbildlich führt, braucht keine dunklen Vorhänge, sondern darf sichtbar werden. Das wird mit Sicherheit honoriert, auch wenn es vereinzelt Kritiker gibt.

Die digitalen Möglichkeiten eröffnen bereits heute viel mehr Chancen zum Dialog. Es geht bei der Herstellung von Content nicht mehr nur um das Sammeln von Informationen. In der CINCO werden Informationen gemanagt – intern wie extern. Sie werden nicht nur zum Verfassen kreativer Storys gebraucht, sondern dienen der Entscheidungsfindung des Managements und jedes Mitarbeiters. Die CINCO bündelt Know-how und Wissen zur Optimierung von Prozessen und Innovationen. Sie verfügt über Zahlen, Daten und Fakten – jederzeit für jedermann in der Organisation abrufbar. Sie gibt Aufschluss über Trends und Themen, spiegelt die Situation am Point of Sale wider und befähigt Mitarbeiter zur homogenen und glaubwürdigen Kommunikation. Das gilt auch für Pressesprecher.

Teams der CINCO haben ohne Restriktion Zugriff auf alle Informationen aus allen Bereichen der unterschiedlichen Geschäftsfelder. Das sind deutlich mehr und relevantere als in jedem Newsroom, denn die CINCO ist kein Kommunikationskonzept, sondern das Betriebssystem der Communicative Organization. Hier zentrieren sich sämtliche Informationen für alle Stakeholder und werden vielfältig genutzt, etwa zur Optimierung der Reputation, zur Positionierung als Branchenführer, zur Überzeugung von Kunden oder zur Einbindung und Wertschätzung von Mitarbeitern. Die CINCO regt aktiv zum Dialog an. Es geht dabei jedoch nicht um Quantität, sondern um Qualität. Stakeholder sollen nicht mit langweiligen und uninteressanten Nachrichten überflutet werden. Sie sollen selbst entscheiden, welche Informationen sie wollen und welche nicht. Die Offenheit basiert auf Vertrauen. Nur im Fall einer Schweigepflicht, etwa bei kursrelevanten Nachrichten einer börsennotierten Organisation, bleiben einige Themen und Fakten unter Verschluss. So sind die rechtlichen Vorgaben.

CEOs hören oftmals nicht zu

Die CINCO bildet in den kommenden Jahren für jeden weitsichtigen Chief Communications Officer das Herzstück seiner Wirkungsstätte und schafft für Management und Belegschaft ideale Voraussetzungen für eine optimale Kommunikationsstruktur. Sie ist elementarer Bestandteil der disruptiven Kommunikation, mit der sich dieses Buch befasst. Mit ihr setzt ein Kommunikationsverantwortlicher Maßstäbe, die, wenn überhaupt, allenfalls in globalen Konzernen vorhanden sind. Ein wesentlicher Vorteil der CINCO lässt sich mit dem Begriff „Listening" beschreiben. Die Mitarbeiter dieser Einheit hören genau zu, was Kunden wollen und sie bewegt. Listening sollte stets die Grundlage jeder Kommunikation sein. Nur so gelingt der Wandel zur kundenzentrierten Organisation.

Listening – dazu nutzen Kommunikationsprofis soziale Medien, ebenso wie Bewertungsportale, den Point of Sale und Medienberichte. Auch Erfahrungen anderer Unternehmen – insbesondere von Wettbewerbern – finden Gehör und werden an den richtigen Stellen platziert. Womöglich mag der ein oder andere Manager die Bezeichnung Central Intelligence Communication mit etwas Negativen verbinden. Schließlich erinnert der Begriff an einen Geheimdienst und ist auch im Wort CIA (Central Intelligence Agency) enthalten. Diese Assoziation wäre aber falsch. Es geht hier um „zuhören, einordnen, nutzen". Den Unterschied macht die Transparenz für die Mitarbeiter.

Listening ist keine weit verbreitete Stärke von CEOs, so ein überraschendes Ergebnis der globalen Studie „It starts with the CEO" der Personalberatung Egon Zehnder vom November 2021[17]. Von 972 weltweit befragten Topmanagern hat gut die Hälfte mindestens ein beziehungsrelevantes Defizit eingestanden. Ganz oben auf der Liste stand die Unfähigkeit zuzuhören. Insgesamt hat die CEO-Kommunikation Potenzial. Weitere Defiziteingeständnisse der selbstkritischen Unternehmensführer waren „Ich kommuniziere unzureichend", „Ich gebe kein Feedback", „Ich investiere nicht genug in Beziehungen", „Ich habe zu wenig Empathie" und „Ich bin zu nachsichtig".

Diese Defizite schreien regelrecht nach einer Communicative Organization und einem CCO, der dem CEO in allen Kommunikationsbelangen zur Seite steht. Wer will schon Kunde bei einem Anbieter sein, der sich nicht für seine Bedürfnisse interessiert? Wer will in einer Organisation arbeiten, in der Mitarbeiter genauso gegen eine Wand reden können, als vom Topmanagement wahrgenommen zu werden? Und welcher Geschäftspartner arbeitet gerne mit Unternehmenslenkern, die nicht zuhören? Spätestens mit diesen Erkenntnissen sollten CEOs ihr Mindset überdenken.

Die CINCO hört zu, auch im Auftrag des kommunikationsschwachen oder -müden CEO. Wenn der nicht seine Ohren spitzt, kommt es umso mehr auf den Kommunikationsverantwortlichen an. Er hört genau, was Stakeholder wollen und zu sagen haben, insbesondere die Mitarbeiter. Mehr noch, der CCO macht sie zu Rednern der eigenen Organisation. In Organisationen gehen unglaublich viel Wissen, kreative Ideen, Innovationsbereitschaft und Optimierungsmaßnahmen verloren, weil Mitarbeiter sich immer noch strikt an Vorgaben ihrer Vorgesetzten halten und sich nicht trauen, Probleme, Herausforderungen, Ideen und konkrete Empfehlungen direkt an- oder auszusprechen.

Unternehmen, die ihren Mitarbeitern zuhören, demonstrieren damit nicht nur Wertschätzung, sondern entwickeln sich besser und schneller als Organisationen mit ausgeprägten Hierarchieprozessen. In einer Communicative Organization werden Mitarbeiter zu Treibern der Zukunft. Sie sind der tatsächliche Wert eines Unternehmens und ihr Wissen ist die Grundlage für jede Weiterentwicklung. Ihre Meinung wird gehört, man verfolgt Ideen gemeinsam und kontroverse Diskussionen sind ausdrücklich erwünscht. Mit konsensualen Lösungen und harmoniegetriebener Zusammenarbeit ist die Führung einer Communicative Organization nicht zufrieden.

Employee Advocats sind Top-Influencer

Teams haben sowohl nach innen als auch nach außen viel zu sagen und sie tun das auch. Laut aktuellen Analysen nutzen bereits 98 Prozent aller Beschäftigten soziale Medien, und die Hälfte postet Inhalte über das eigene Unternehmen. Die Basis für das Mitarbeiter-Sharing auf Social Media ist also geschaffen; es gilt inzwischen als eine der erfolgreichsten Formen des Word-of-Mouth-Marketings. 92 Prozent der Menschen vertrauen laut der Medienanalyse-Organisation Nielsen Empfehlungen von Freunden und Familie mehr als jeder anderen Form von Werbung.[18] Sogenannte Employee-Advocats sind ideal, um Botschaften viral und glaubwürdig zu verbreiten. Wenn Mitarbeiter Inhalte ihres Unternehmens teilen, assoziieren sie ihren Namen und ihren Ruf damit. Mehr noch: Sie identifizieren sich mit ihrem Unternehmen und unterstützen dessen Handeln. Das erfolgt sehr aktiv auch über Likes und Shares von Unternehmensposts oder Posts von Kollegen. Für Kommunikationsverantwortliche kommt es darauf an, den Spagat zwischen stringenter Unternehmenskommunikation und Social Media zu managen.

Aktive und vor allem authentische Corporate Influencer sind auch für Human Resources und Recruiting richtungsweisend. Bewerber nehmen durchaus wahr, wenn Mitarbeiter sich mit ihrem Unternehmen identifizieren und sich engagieren. Das überzeugt, wenn es um die Talentgewinnung geht, und spricht für eine moderne Unternehmenskultur. Spätestens die Generation Z will vorher genau wissen, mit wem sie unter welchen Bedingungen zusammenarbeiten würde, welchen Purpose das Unternehmen verfolgt und wie es sich sozial engagiert. Die Employee-Motivation setzt sich aus drei Teilbereichen zusammen. Identifizieren sich Mitarbeiter mit den Werten der Organisation (kognitive Zustimmung)? Fühlen sich Mitarbeiter bei der Arbeit wohl (emotionale Zustimmung)? Und: Sind Mitarbeiter motiviert und würden das Unternehmen weiterempfehlen (verhaltensorientiert)? Wenn die Beschäftigten diese Fragen öffentlich bejahen, ist das für Unternehmen ein unermesslicher Mehrwert.

Auch Kunden werden häufig zu Micro-Influencern. Sie berichten von positiven wie negativen Erfahrungen und treten in einen Dialog mit der Organisation. Immer mehr Unternehmen setzen auf eine aktive Customer-Advocacy-Strategie, denn neben den Mitarbeitern sind Kunden die glaubwürdigsten Informationsquellen. Mit Customer-Advocacy machen Organisationen ihre Kunden zu aktiven Fürsprechern. Das Ziel: mit deren viraler Kommunikation weitere Kunden zu überzeugen. Doch zunächst sind die Äußerungen der Kunden losgelöst von Akquise. Es geht um deren eigene Erfahrungswerte, die neugierig machen sollen. Customer-Advocats übernehmen eine Art beratende Funktion an unterschiedlichen Punkten der Buyer's Journey. Das kann im Onlinesupermarkt die Differenzierung zwischen „Bio", „Regional" und „Classic" sein, die Schilderung einzelner Erfahrungen und Leistungen über Bewertungsplattformen, die Web-Rezension oder der Bericht über neue Einrichtungen in Foren. Die CINCO befüllt die Advocacy-Plattformen für Mitarbeiter und Kunden, kann aber auch Fragen aus ihren Posts beantworten und Themen über Kreativität, Content und Anregungen setzen. Sie ist der Anker für jede Form der Teilhabe.

Zeitvorteil dank Voice-Computing

Millionen von Daten zu managen und quasi in Echtzeit abrufbar zu haben, stellt für Organisationen eine große Herausforderung dar. Dank Business-Automation ist das jedoch kein Problem mehr. Dienstleister entwickeln mit Künstlicher Intelligenz individuelle Plattformen und Betriebssysteme, Sprachcomputer mit multiplen Funktionen, Robo-Advisor (digitale Anlagehelfer) und Chatbots. Breaking News direkt aufs Handy aller Mitarbeiter – das ist in vielen Organisationen schon Praxis. Meist jedoch werden nur die Führungskräfte informiert.

Eine wesentliche Rolle in der CINCO spielt aufgrund der Masse der Informationen der Abruf über Voice-Computing. Erste Unternehmen haben schon einen eigenen Sprachassistenten für ihre Intranets im Einsatz. Dr. Volker Zimmermann, Geschäftsführer von Neocosmo, einem Ableger des Deutschen Forschungszentrums für Künstliche Intelligenz, prognostiziert: „Künstliche Intelligenz im Digital Workplace wird sich zur Schlüsseltechnologie in einem modernen Intranet entwickeln und helfen, die steigende Informationsüberflutung im Unternehmen zu reduzieren, indem die individuelle Passgenauigkeit und Relevanz der Informationen und Nachrichten erhöht wird. Das Suchen und Finden von Wissen wird über neue, dialogorientierte Interaktionsformen à la Siri oder Alexa durchgeführt werden. Einfache Fragen können die intelligentesten Assistenten im Intranet in Sekundenschnelle beantworten."[19]

Entscheidend ist der gezielte Einsatz von Voice-Computing bei der Markenpositionierung außerhalb der Organisation, denn hier gilt: First come, first serve. Die Sprachassistenten liefern keine Vielzahl von Ergebnissen wie Suchmaschinen, sondern nur ein Ergebnis auf jede Frage. Schon 2016 haben wir für ein Unternehmen der Finanzbranche Sprach-Skills beim Betreiber von Sprachassistenten wie Alexa oder Siri installiert und somit ermöglicht, dass Kunden via Voice-Search das Unternehmen finden. Man spricht hier von Voice-SEO. Wir haben also die User-Experience modernisiert. „Wie kann man in Flugzeuge investieren?", lautete damals die Frage und Alexa verwies in ihrer Antwort mit Namensnennung und kurzer Angebotsbeschreibung direkt auf die Website des Unternehmens, deren Aufrufe sich in der Folge massiv erhöht haben. Die Antwort auf diese Frage ist beim Unternehmen verankert, kein Wettbewerber kann sie verdrängen. Immer mehr Unternehmen setzen auf Voice-Commerce und sichern sich die Topplatzierungen bei den Sprachassistenten. Wer zu spät handelt, den bestraft der Wettbewerb. Man erinnere sich nur an die erste Domain-Registrierungswelle.

> „Künstliche Intelligenz im Digital Workplace wird sich zur Schlüsseltechnologie in einem modernen Intranet entwickeln."
>
> *Dr. Volker Zimmermann, Geschäftsführer Neocosmo*

Die Omnicom Media Group (OMD) aus Düsseldorf kommt in ihrer Studie „The Age of Voice 3.0" im Juni 2021 zu dem Ergebnis: „Voice Assistance wächst und wächst und wächst." Das heißt konkret: „Mittlerweile zählen 52 Prozent der deutschen Onliner zu den aktiven Nutzern von Voice Assistants – bis Ende des Jahres werden das fast 60 Prozent sein."[20] Laut Statista ist der Smart-Speaker-Markt sogar einer der am schnellsten wachsenden. Bis Ende 2023 sollen weltweit rund 200 Millionen Endgeräte verkauft werden, prognostizieren die Analysten.

Sven Rühlicke, CEO und Mitgründer der auf Voice-Computing spezialisierten Agentur Wake Word aus München, hebt in dem OMD-Report hervor: „Es zeigt sich, dass die Suche über Sprachsteuerung kein reines Zukunftsszenario mehr ist, sondern bereits heute Relevanz hat und bald den überwiegenden Anteil von Suchanfragen darstellen wird. Die SEO-Spielregeln für Voice sind andere, weshalb jede Marke sich jetzt damit auseinandersetzen muss, um nicht aus dem Relevant Set ihrer Zielgruppe zu fallen."[21] Immer mehr Unternehmen nutzen die Sprachassistenten für ihre Dienste. So können Kunden ihre Mahlzeiten bei Domino's Pizza zum Beispiel über Alexa bestellen oder den Lieferstatus eines DPD-Pakets dort abfragen. Zeit sparen und bequem Dinge erledigen können, das ist für Kunden der unmittelbare Reiz an technischem Fortschritt und der digitalen Simplifizierung ihres Alltags.

Die CINCO arbeitet aktiv mit Voice-Computing und sichert allen Beschäftigten so den zeitlichen Vorteil. Beispielsweise lassen sich über Befehle wie „Zeige alle Informationen zum neuen Handelsgesetz" oder „Wer ist für unsere IT-Sicherheit zuständig?" in kürzester Zeit Fragen beantworten, für deren Klärung Mitarbeiter bisher viel länger gebraucht haben. Die Zeitersparnis kann nicht nur die Effizienz in Unternehmen deutlich erhöhen, sondern vor allem in Krisensituationen ein entscheidendes Asset sein. Wichtig ist, dass die CINCO ihren eigenen Sprachassistenten bekommt, um Ransomware keine Angriffspunkte zu geben. Die wertvollen Informationen müssen unbedingt innerhalb der Organisation bleiben und vertraulich von Mitarbeitern genutzt werden. Die CINCO ist deshalb und auch wegen strenger Datenschutzregelungen ein geschlossenes Netzwerk innerhalb der Organisation.

CINCO verbindet

Ebenso wie ein Betriebssystem die Conditio sine qua non des Computers ist, funktioniert die Communicative Organization ohne CINCO nicht. Aber anders als es bei früheren Managementansätzen der Fall war, soll das Arbeiten in dieser Organisation Spaß machen, Ideen fördern und Chancen aufzeigen – und eine neue Qualität an Mitarbeitern entwickeln, die mehr Involvement im Unternehmen haben, weil sie gerne dort tätig sind, sich wohlfühlen und dank direkter Wertschätzung und hohem Vertrauen eine nachhaltige Bindung an das Unternehmen aufbauen und pflegen. Die Gen Z verlangt genau das und Manager mit Weitblick sollten schnellstens die Rahmenbedingungen für eine motivierende und inspirierende Arbeitsmethodik schaffen.

Mit der Verbindung von Kommunikationsabteilungen, Public Affairs und Marketing wird eine wichtige Grundlage für eine erfolgreiche Zukunft geschaffen. Kundenzentrierung kann nur gelingen, wenn Teams abteilungsübergreifend zusammenarbeiten. Im Optimalfall wird auch die gesamte Marketingkommunikation über die CINCO gesteuert. Schließlich kommt es hier darauf an, dass die Marketers die richtigen Informationen vom Kunden und vom Markt erhalten, um entsprechende Kampagnen zielführend zu entwickeln. Die Integration des Marketings macht Sinn, weil heute nicht mehr nur der Abverkauf im Zentrum des Handelns steht, sondern die kreativen Spezialisten ihre Werbung mit Content verfeinern. In vielen Organisationen gibt es noch immer mehrere Content-Factorys, die getrennt voneinander arbeiten und entsprechende Kosten verursachen. Die CINCO verbindet und optimiert somit auch das Kosten-Nutzen-Verhältnis.

Das unterschiedliche Verständnis von Marketing und Kommunikation und das falsche Mindset über moderne Dialogkommunikation zeigen sich besonders deutlich bei Professional Service Firms und insbesondere Rechtsanwaltskanzleien. Kanzleien suchen bevorzugt nach Marketingexperten, obwohl Rechtsanwälte noch immer von ihren Kammern auf Basis geltenden Rechts für unzulässige Werbung gerügt und abgemahnt werden. Die zugrundeliegende Gesetzeslage wird von höheren Instanzen inzwischen aufgeweicht, aber der Kern des Gesetzes und die Argumentation der Kammern werden mit der Standesreputation begründet. Diese halten wir nach wie vor für richtig. Rechtsanwälte leben von ihrem Wissen, ausgewiesener Prozess- und Beratungspraxis und teils von fundierter Spezialisierung auf Branchen- oder Teilgebiete. Kurzum sie leben davon, dass Mandanten ihrer Erfahrung und Reputation, also ihrem guten Ruf, vertrauen. Die Reputation kann ein marktschreierisches Marketingkonzept oder ein viraler Fehltritt schnell zerstören, weshalb viele Anwälte lieber im Hintergrund bleiben und von Mandantenempfehlungen sowie ihrem Netzwerk leben.

Nur wenige Anwälte setzen auf eine sorgsame und gut austarierte Kommunikation, bei der das Wissen und die Kompetenz glaubwürdig im Vordergrund stehen und Personen sich als fachkundige Experten positionieren, und das mit durchaus streitbarer und überzeugter Haltung und klarer Positionierung. Das kann kein Marketing der Welt leisten. In der Praxis haben wir leider oft erlebt, dass die Gier nach Umsatz den Ruf nach dem Marketing laut werden lässt. Der Klassiker: „Schalten Sie doch mal einen Artikel!“ Noch heute erinnern wir uns mit einem unguten Gefühl an folgende Geschichte: Ein Rechtsanwalt in einer Professional Service Firm, für die wir als Executives gearbeitet hatten, bat um ein Konzept zur externen Positionierung seines neuen Beratungsansatzes – als Dienstleistung des

Corporate-Communications-Bereichs. Nach der Abstimmung der finalen Pressemitteilung schickte er uns eine interne Kostenverrechnung mit Minutentaxierung über 800 Euro, weil er die Durchsicht und Freigabe seines eigenen Pressetextes leisten musste. Das bescherte ihm nicht nur eine klare Absage, sondern kostete ihn auch seinen Ruf – zumindest intern. In der Folge kosteten ihn das und weiteres Fehlverhalten sogar seine Position als Partner. Auch heute noch begegnen uns Führungskräfte mit einem derart gestörten Verhältnis zu Kommunikation.

Vernetzung ist zentral

Die CINCO greift nicht nur vielfältige Informationen auf und generiert daraus wichtige Storys. Sie vernetzt auch. Das ist ein entscheidender Vorteil gegenüber dem überholten Newsroom-Konzept. Lässt sich beispielsweise eine neue Business-Opportunität erkennen oder hat ein Unternehmen nach einer Gesetzesänderung direkten Handlungsbedarf, werden über die CINCO Ansprechpartner in den unterschiedlichen Abteilungen informiert, involviert und zur Entwicklung kollaborativer Teamarbeit motiviert. Das Wissen wird untereinander geteilt, die Ergebnisse werden an die Kommunikation zurückgespielt. Diese kann dann weitere wichtige Ansprechpartner oder Informationen finden, um den Prozess zu optimieren. Zur einfachen Handhabung basiert der Austausch auf einem Ticketsystem, das „Rapid Reaction" unterstützt. Sofern sie entsprechend kenntlich gemacht sind, werden zeitkritische Themen vom CINCO-Team direkt an die entsprechenden Stellen gerichtet, während parallel die Richtigkeit und Seriosität vom CINCO-Team überprüft wird und notwendige Partner wie die Rechtsabteilung eingebunden werden. In kürzester Zeit folgt der Nachricht im Idealfall die Bestätigung.

Die CINCO ist nicht nur ein digital gesteuertes System, sondern bietet auch Raum für persönlichen Austausch. Teams entwickeln Ideen, wenn sie gemeinsam Informationen abrufen und daraus Schlüsse ziehen. Durch die CINCO bietet die Communicative Organization genügend Platz für Begegnungen und Think-Tanks. Die besten Ideen entstehen nicht am Schreibtisch oder in einem Meeting, sondern in ungezwungener Atmosphäre, zum Beispiel in der Kaffeeküche. Sie ist die Anlaufstelle für Mitarbeiter aus unterschiedlichen Abteilungen und man kann dort ungezwungen ins Gespräch kommen.

Die Investition in eine Neugestaltung der „Sozialräume“ ist also indirekt eine Investition in die Rentabilität. Einige Unternehmen haben daher Meetingräume in Kreativcafés verwandelt, andere schaffen mit der Begrünung von Wänden und großen Pflanzen eine „natürliche“ Arbeitsumgebung. Kommunikationsverantwortliche kennen diverse Konzepte, die, wenn sie gut umgesetzt werden, tatsächlich zur kreativen und inspirierenden Zusammenarbeit, einer entspannten Arbeitsatmosphäre und besseren Leistungen beitragen. Es gehört zu den Aufgaben eines Chief Communications Officers, den Dialog und das Miteinander innerhalb der Organisation zu fördern und nicht zu reduzieren. Die CINCO bietet dazu überall intern den unkomplizierten Zugriff auf das relevante Wissen.

So funktioniert die CINCO

Die Central Intelligence Communication - kurz CINCO - ist ein künstlich entwickeltes und selbstlernendes Gehirn. Ihre Basis ist ein Wissensspeicher, den sie mithilfe Künstlicher Intelligenz permanent evaluiert, erweitert und bei Integration neuen Wissens auch entschlackt. Mitarbeiter können das gesamte Wissen der CINCO zur Erledigung ihrer Aufgaben und zur Weiterbildung nutzen. Dazu kreieren sie individuelle Informationsprofile, welche die CINCO anhand von Schlagwörtern lesen und bereitstellen kann. Die Mitarbeiter der Communicative Organization erstellen Dashboards, welche die CINCO in frei wählbaren Intervallen mit aktuellen Informationen befüllt. Diese Dashboards können Mitarbeiter beliebig verändern, wenn ihre Aufgaben, beispielsweise ein neues Projekt oder die Mitarbeit in einer Cloud, andere Informationen erfordern.

Doch die CINCO kann weit mehr. Zur aktiven Verteilung des Wissens prüft sie permanent, welche Mitarbeiteridentität mit welchem aktuellen Aufgabenprofil arbeitet. Das Profil setzt sich aus der Zugehörigkeit zu seinem Cluster und der Zuordnung zu seinem Leader mit Team zusammen. Flexibel erweitert wird das Profil durch die temporäre Einbindung in eine Cloud. Auf der Basis all dieser Prüfkriterien organisiert die CINCO die relevanten Streams und leitet Wissen und Informationen entsprechend weiter.

Das relevante Wissen der CINCO ist in Systemwissen (das jeder Mitarbeiter in seiner Funktion kennen muss), Fachwissen (das jeder Mitarbeiter in seiner Funktion haben sollte) und Methodenwissen (das jeder Mitarbeiter in seiner Funktion anwenden sollte) aufgeteilt. Nur der Nukleus, das CINCO-Care-Team, die Cluster-Verantwortlichen und die Leader können zusätzliche Informationsstreams initiieren, indem sie zusätzliches Wissen als relevant definieren und bestimmten Profilgruppen oder einzelnen Mitarbeiteridentitäten zuweisen.

Jeder Mitarbeiter kann aktiv den Wissensspeicher zum Beispiel über die Stimmabfrage nutzen und situativ notwendige Informationen quasi in Echtzeit abrufen. Ein Beispiel: Ein neues BGH-Urteil erfordert eine Veränderung des Produktangebotes. Medien berichten darüber und der Gesetzgeber nimmt Anpassungen an der Ursprungsregelung vor. Der Mitarbeiter im Team Produktentwicklung und Business Development bittet die CINCO: „Zeige mir alle aktuellen Informationen über das Urteil und entsprechende Auswirkungen." Oder er sagt: „Ersetze die Twittermeldungen auf meinem Dashboard durch Push-Nachrichten zur BGH-Thematik, täglich." Oder er fordert: „Sobald eine Information reinkommt mit Bezug auf das BGH-Urteil, leite mir diese bitte als Push-Nachricht auf mein Handy weiter."

Er bekommt nun alle öffentlich zugänglichen Informationen und Medienberichte jeder Art inklusive Reaktionen und Kommentare in sozialen Medien. Der besondere Vorteil: Hat ein Mitarbeiter der Organisation beispielsweise Kenntnisse darüber erlangt, wie der Wettbewerber in dieser Situation vorgeht, und diese an das CINCO-Care-Team weitergeleitet, bekommt der Mitarbeiter aus dem Produktteam auch diese Informationen. Voraussetzung: Diese sind geprüft und freigegeben. Ebenso kommen erste Reaktionen von Kunden unmittelbar beim Mitarbeiter an. Etwa, welche Fragen sie im Zuge der Rechtsprechung an das Sales-Team gerichtet haben oder welche Auswirkungen sie erwarten. Das Wissen beziehungsweise die Informationen kann sich der Mitarbeiter auf Wunsch auch auf einem Konferenzbildschirm oder einer Meeting-Wand anzeigen lassen.

Die CINCO identifiziert Mitarbeiter über verschiedene Kriterien wie Token, Stimme oder Fingerabdruck, die in der Mitarbeiteridentität hinterlegt sind. Wenige Informationen sind nur ausgewählten Empfängern zugänglich, etwa wenn es um persönliche Angaben von Mitarbeitern geht und strenge Datenschutzrichtlinien beachtet werden müssen. Rechtsanwältin Tanja Irion warnt: „Wenn personenbezogene Daten kommuniziert und ausgetauscht werden, bedarf es einer qualifizierten Einwilligung der Betroffenen. Oder einer anderen stabilen Rechtsgrundlage nach der DSGVO. Das potenziert sich, wenn Daten weitergegeben werden."[22] Schließlich kann es auch zu Auseinandersetzungen mit dem Betriebsrat kommen. „Daher ist es erforderlich, dass der Datenschutz bereits in der Entwicklungsphase beteiligt wird und die Architekten der CINCO fachkompetente, juristische Beratung bekommen – von Anfang an und fortlaufend. Der Datenschützer muss Mitglied im Projektteam sein", sagt Irion.[23]

Sie macht auch darauf aufmerksam, dass die inzwischen etablierte DSGVO nicht alles regelt: „Das Rechtsfeld ist in ständiger Bewegung. Verantwortliche müssen ihre Außendarstellung spätestens seit Ende 2021 auch konform zum neuen Telekommunikations-Telemedien-Datenschutzgesetz (TTDSG) betreiben. Und die EU plant weitere Vorgaben. Davon sollte sich aber keiner einschüchtern lassen. Es gibt Möglichkeiten, Daten compliant zu erheben und nutzbar zu machen. Kompliziert ist allerdings die Marktbeherrschung der großen US-Anbieter, die den Transfer von Daten in Drittländer mit fragwürdigem Rechtsniveau mit sich bringt. Da braucht es viel Augenmaß und eine Beratung auf Höhe des – sich ständig bewegenden – juristischen Wellenkamms."[24]

CINCO lernt aus Datennutzung

Als neuronales Netzwerk mit Künstlicher Intelligenz lernt die CINCO aus der Nutzung und aus dem Feedback der User selbstständig und entwickelt das interne Wissen weiter. Sie kann auch länderspezifische Unterschiede einbauen, Übersetzungen leisten, regulatorische wie rechtliche Vorgaben berücksichtigen, buchhalterische Aufgaben übernehmen und vieles mehr.

Hinzu kommt die Kunst der Vernetzung. Beschäftigt sich beispielsweise ein Mitarbeiter aktiv mit der Reaktion auf das neue Urteil und ein weiterer informiert sich darüber, verbindet das System die beiden über Streams. Möchte beispielsweise der CEO etwas zum Thema Inklusion erfahren, wird ihm ein Netzwerk zu allen Mitarbeitern aufgezeigt, die in den vergangenen Monaten das Thema behandelt haben. Auf Wunsch können direkt Verbindungen oder Meetings mit allen Beteiligten aufgerufen werden.

Als Central Intelligence ist die CINCO für die Organisation von unschätzbarem Wert und muss bestmöglich geschützt und gesichert werden. Den Unterschied gegenüber Wettbewerbern machen die unternehmensweite Zentrierung, die hohe Transparenz, die hochgradige Verfügbarkeit und die permanente Entwicklung der CINCO. Wissen ist Macht und Zeit ist Geld. Beides vereint die CINCO – ein unschätzbarer Vorteil für das Unternehmen! Die Cyber-Security-Membran der CINCO, immer auf dem neuesten Stand, ist durchlässig für Kommunikationsströme, aber in der Lage, jede Hackerattacke abwehren zu können. Zur Sicherung des Inhalts wird eine Spiegelung der CINCO an einem vertraulichen Ort geführt.

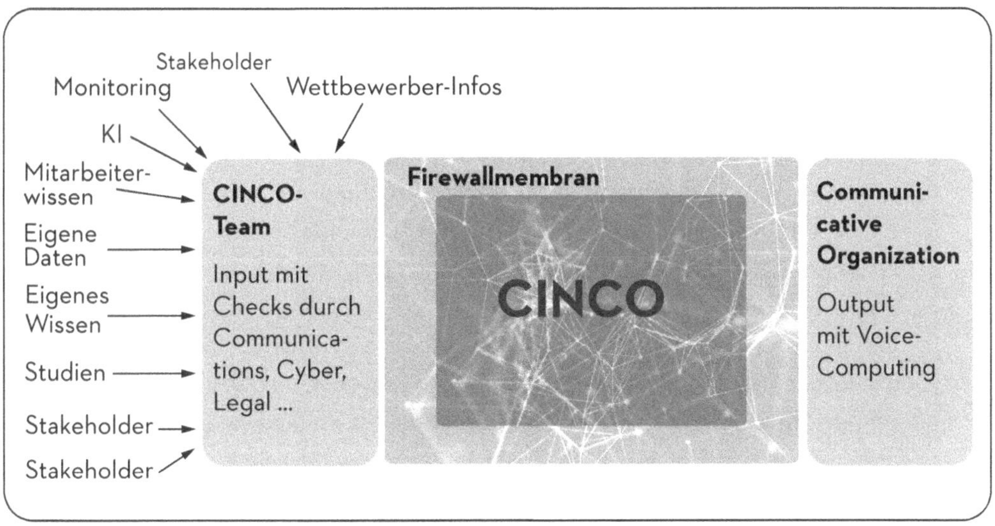

Central Intelligence Communication (CINCO): Das intelligente Betriebssystem der Communicative Organization

Fallbeispiel: So gelingt exzellente Kommunikation mit der CINCO

Die Ausgangslage

Das europaweit agierende Modeunternehmen Fashionixx mit extrem niedrigen Preisen hat bundesweit Filialen in jeder Großstadt. Ein Bericht von Amnesty International klärt aktuell darüber auf, dass Kinder in Pakistan nicht nur Kleidung nähen müssen, sondern dort von ihren Arbeitgebern unter menschenunwürdigen Bedingungen kaserniert werden. Sie haben also keinen familiären Bezug mehr und müssen nur noch arbeiten. Die NGO Earthlink hat im Rahmen ihrer Kampagne „Aktiv gegen Kinderarbeit" ein TV-Team beauftragt, in den deutschen Filialen von Fashionixx die Mitarbeiter zu befragen, wie sie zur Kinderarbeit stehen und ob sie mit dem Wissen, dass Kinder bei der Herstellung der Billigprodukte leiden müssen, noch bei Fashionixx arbeiten möchten. Auch in München steht ein TV-Team pünktlich zur Ladenöffnung vor dem Fashionixx-Shop und will ein Interview; die Außenaufnahmen in der Fußgängerzone sind schon gelaufen und rechtmäßig.

Die Kommunikationswege

Monika, die Filialleiterin von Fashionixx München-City, begrüßt den Fernsehredakteur und untersagt dem TV-Team, Aufnahmen im Innenraum der Filiale zu machen. Als Filialleiterin hat sie in der Communicative Organization das Grundtraining „Dialog mit Medien" absolviert und weiß, wie sie mit unangemeldeten Fernsehteams umgeht. Sie bleibt gelassen und kontaktiert über die CINCO eine Kommunikationsverantwortliche. Dazu spricht sie in ihrem Dashboard die Begriffe „Filiale München-City, TV-Team, vor Ort, Aufnahmen, Interview, Kinderarbeit" ein. Die CINCO erkennt anhand des Dashboard und Stimmabgleichs Monika als autorisierte Person und fragt zunächst, ob sie ein Ticket eröffnen möchte. Da sie den Vorgang dokumentieren möchte und ihre Vorgesetzte (Gebietsleiterin Oberbayern) im weiteren Verlauf mit einbezogen werden soll, stimmt sie zu. Die CINCO blendet unmittelbar einen ersten Hinweis für Monika ein, dass sie keine eigene Aussage machen soll und das Thema in der Verantwortung der zentralen Presseabteilung liegt. Zugleich lobt die CINCO die Filialleiterin dafür, dass sie sich richtig verhalten hat.

Über das Dashboard stellt die CINCO sofort eine Videoverbindung zur Pressesprecherin von Fashionixx Deutschland für ESG-Themen her, die das Ticket zum Vorgang bereits auf ihrem Bildschirm hat. Monika spricht kurz mit ihr über den Sachverhalt und gibt Detailinfos weiter, wie Name des Redakteurs, Name der NGO, Anlass der Aufnahmen etc. Danach geht Monika zum TV-Team und stellt ihr Dashboard auf den Tisch, damit die ESG-Sprecherin direkt mit dem Redakteur über die Medienanfrage reden kann. Nach einem kurzen Austausch werden die Innenaufnahmen in der Filiale erlaubt und das Team zeichnet die Sprecherin mit einem Statement zur Haltung von Fashionixx zum Thema Kinderarbeit auf. Danach begleitet die Filialleiterin das TV-Team zum Ausgang und verabschiedet sich verbindlich.

Das weitere Prozedere

Die CINCO zeichnet den gesamten Vorgang auf (auch mit Videoaufnahmen über den Laptop von Monika) und erstellt einen kurzen Bericht, der bereits alle identifizierten Daten enthält. Die Pressesprecherin kann den Bericht bearbeiten und ergänzen, etwa mit Sendetermin oder individueller Einordnung der Berichterstattung. Danach bewertet sie die Relevanz des Vorgangs, wonach die CINCO den Verteiler für das Ticket erstellt. Das Ticket mit dem Bericht und einem Link zur Aufnahme aus der Filiale geht an: die ESG-Pressesprecherin, die Gebietsleiterin Oberbayern und die Filialleiterin. Parallel erhalten alle Teamleader der deutschen Filialen den Hinweis, dass an diesem Tag ein TV-Team in der Filiale München-City war und Aufnahmen gemacht hat. Bei Bedarf kann jeder Filialleiter den Bericht öffnen. Die CINCO speichert das Ticket und aktiviert im automatischen Medienmonitoring die Suche nach dem gesendeten Beitrag, der dann an einen standardisierten Verteilerkreis gemeldet wird. Sie gleicht auch ab, ob innerhalb der Group ähnliche Tickets eröffnet wurden und gibt ggf. der ESG-Pressesprecherin eine Rückmeldung, damit diese die Relevanzstufe des Themas erhöhen und weitere Verteilerkreise über das Ticket informieren kann. Waren zum Beispiel in ganz Deutschland mehrere TV-Teams im Auftrag der NGO unterwegs und die Berichterstattung bezieht sich nicht auf die Modebranche allgemein, sondern nur auf Fashionixx, setzt die CINCO das Thema automatisch auf die Watchlist der hochrelevanten Themen, die der Chef vom Dienst permanent überwacht.

Das Ticket kann auch an die ESG-Cloud und den Corporate-Governance-Cluster gesendet werden, damit innerhalb der Wertschöpfungskette konkrete Hinweise auf einen Verstoß des pakistanischen Produzenten gegen die mit Fashionixx vereinbarten Sozial- und Umweltstandards geprüft werden. Die Pressesprecherin nimmt die Berichterstattung zum Anlass, die Medienstrategie zum Thema ESG und speziell zu Sozial- und Umweltstandards zu checken und – falls nötig – anpassen zu lassen.

Die CINCO kann jederzeit unter der Ticketnummer den gesamten Vorgang, alle involvierten Personen sowie das Ergebnis mit den entsprechenden Audio- und Videoaufnahmen zur Verfügung stellen. Monika bekommt eine positive Bewertung für ihr vorbildliches Verhalten in ihrer Personalakte und erhält so am Jahresende einen höheren Bonus für ihre im Arbeitsvertrag vereinbarte Dialogleistung.

Kapitel 4

New Ways of Communications

Die digitale Disruption lässt keine Branche aus und betrifft kleine wie große Unternehmen. Alle stehen vor der Herausforderung, Innovationen umzusetzen, die digitalen Möglichkeiten aktiv zu nutzen und sich besser als alle Wettbewerber zu positionieren. Noch einmal: Es geht nicht um die IT-Strategie oder den Einsatz einzelner Smart Services. Es geht um das Neudenken der Unternehmenssteuerung und sämtlicher Prozesse. Dazu gehört vor allem die Abschaffung der Silos und daraus resultierender Handlungsroutinen. Diesen Punkt müssen auch Dienstleister wie Berater und Agenturen verstehen, um zukünftig neue, passgenaue Angebote machen zu können. Die Communicative Organization ist die ultimative Lösung und hat mit der CINCO das optimale neuronale Betriebssystem. Die Manager der Communicative Organization verfügen über Mut, Visionen und ein innovatives Mindset. Davon profitieren Stakeholder an jedem Touchpoint.

Schlüsselposition CCO

In einem sich verändernden Ökosystem und angesichts der neuen Ansprüche einer Communicative Organization gehört auch die Art der Kommunikation auf den Prüfstand. Sie muss in ihrer Gesamtheit, aber auch in einzelnen Disziplinen analysiert und optimiert werden. Das übernimmt der Chief Communications Officer, der mit seinem Cluster die Kommunikation und deren neue strategische Ausrichtung verantwortet. Er denkt und handelt ganzheitlich und hat künftige Trends fest im Blick. Das Wahrnehmungsmanagement ist geschickt konzipiert und verleiht den Botschaften der Organisation hohe Beachtung. Der CCO managt Image und Reputation, generiert Vertrauen, kommuniziert Purpose, Werte und soziales Engagement, schreibt die Unternehmensstory, sichert die zielgruppengerechte Kommunikation mit allen Stakeholdern und synchronisiert sämtliche Kommunikationsaktivitäten. Deren Evaluation ist in Zeiten hyperschneller Technologieentwicklungen auf höchstem Niveau erforderlich.

In der Communicative Organization ist der CCO verantwortlich für die CINCO, das innovative Betriebssystem. Mit der Steuerung dieses Kommunikationsnetzwerks versorgt er sämtliche Mitarbeiter mit relevanten und geprüften Informationen und ermöglicht Innovationen mit Know-how und Sachverstand sowie den optimalen Dialog mit allen Stakeholdern. Er berät und agiert strategisch, analysiert Chancen und Risiken und positioniert Management wie Unternehmen. Und damit nicht genug. Er muss sein Handeln laufend neu ausrichten, weil sich das Ökosystem permanent verändert. Optimierungen sind sein Daily Business. Zudem muss er voraussehen, welche Trends sich durchsetzen werden und wie er und seine Organisation diese bestmöglich nutzen können.

Headhunter Ulrich Schuhmann berichtet aus seiner Praxis: „Für Positionen mit neuen, bisher wenig oder gar nicht existenten Aufgabenzuschnitten ist das Finden und Auswählen geeigneter Kandidaten besonders anspruchsvoll. Es existieren keine oder nur wenige Beispiele, die man als Blaupausen heranziehen kann.“[1] Der auf die Vermittlung von Kommunikationsexperten spezialisierte Personalberater sieht als „Schlüssel für eine erfolgreiche Besetzung das Briefing-Gespräch mit dem Management, vor allem mit dem CEO“[2]. Schuhmann kennt seine Herausforderung: „Ein erfahrener Personalberater muss die Erwartungshaltung des CEOs beziehungsweise des Managements klar herausarbeiten können. Besonders anspruchsvoll sind die latenten, unausgesprochenen Erwartungen.“[3] Er hört von seinen Kunden oftmals: „Wir suchen eine meinungsstarke Persönlichkeit“, doch das bedeute nicht zwingend, dass Meinungsstärke am Ende wirklich der Wunsch sei oder diese in die Organisation passe.

„Manchmal stehe ich morgens auf, schaue auf mein Smartphone, lese viele E-Mails, Nachrichten, sehe, was in der Welt passiert ist und frage mich: Warum tun wir all das eigentlich auf einem kleinen rechteckigen Display, das wir in der Hand halten? Wenn wir über unser Leben nachdenken, dann verbringen wir enorm viel Zeit vor irgendeinem Bildschirm. Wir machen unsere Meetings vor einem Display mit Software, das uns einschränkt – wir können nur reden, nicht wirklich zusammen an etwas arbeiten.“

Das sind in etwa die Worte, die Facebook-Gründer Mark Zuckerberg im August 2021 auf dem internen Entwicklertreffen von Facebook, der F8-Conference, an seine Leute richtete. Der CEO der inzwischen in „Meta" umbenannten Organisation hat auch schon eine Idee, wie er sich Kommunikation jetzt und in Zukunft vorstellt und lädt die Beschäftigten ins Metaverse ein. Zuckerberg trifft sich mit seinen Mitarbeitern am liebsten im Oculus, Metas virtueller Parallelwelt. Er und seine Teams arbeiten hart an innovativer Kommunikation, investieren Hunderte Millionen und geben die Richtung vor. Und er verspricht, dass sich der Konzern relativ bald von einer Social-Media-Company in eine Metaverse-Company verwandeln wird. Mit ihm werden Millionen und Milliarden Follower diese Metamorphose durchleben. Aus Menschen werden Avatare oder Hologramme, die im Metaverse Meetings gemeinsam am Tisch oder auf der Couch abhalten, in Teams zusammenarbeiten, Konzerte besuchen, Freunde zum Dinner treffen oder einfach mal einen Tag am Traumstrand chillen. Alles möglich. Hier und jetzt. Und unaufhaltsam. Die expandierende digitale Welt mit einem erweiterten Cyberspace wird bald eine technologische Revolution erleben. Der Chief Communications Officer ist darauf vorbereitet.

„Ideen davon, was ein Metaverse sein kann, gibt es viele", schreibt Matthias Kreienbrink, Chef vom Dienst und Journalist bei der Zeitschrift t3n, im Dezember 2021. „Ein zusammenhängendes Netz aus vielen verschiedenen digitalen Universen. Eine virtuelle Welt, die mit VR- und AR-Geräten betreten werden kann und die neben unserer Realität beständig existiert und wächst. Ein funktionierendes virtuelles Wirtschaftssystem. Ein spielerischer Ort, der dem eigenen Avatar keine Grenzen setzt. Oder eine soziale Plattform, die Menschen in ihrer Gänze körperlich abbildet – samt der vielen neuen Möglichkeiten, die sich fürs Marketing daraus ergeben. Was Metaverse sein kann, hängt vor allem davon ab, wen man fragt"[4], so das Fazit der Redaktion. Vor allem Gamer haben schon konkrete Vorstellungen des Metaverse. In Videospielen wie GTA Online, Fortnite oder Minecraft nehmen sie Identitäten, zum Beispiel die der Marvel-Charaktere, an und begeben sich in eine virtuelle Welt. Kreienbrink kommt in seinem Beitrag zu dem Schluss: „Wahrscheinlich ist das Metaverse der Ort, der ganz für uns gemacht ist. Nach unseren Vorstellungen, für unsere Bedürfnisse. Ob das nun Dystopie oder Utopie ist – das möge jeder für sich entscheiden."[5]

Das Metaverse ist keine ferne Galaxie

Wenn wir über das Metaverse sprechen, reden wir nicht von fernen Galaxien. 2030 plant Zuckerberg den großen Aufschlag. Dann will er Massen in seinen Oculus einladen und sie mit technischen Entwicklungen begeistern. Er entwickelt bereits für jedermann bezahlbare und funktionale VR-Brillen, die genug Leistung haben, um eine perfekte virtuelle Welt zu rendern. Sie soll sich kaum noch von unserer realen unterscheiden. Erste Brillen der neuen Generation will er sogar schon 2022 präsentieren. Doch das Metaverse ist nicht nur Mark Zuckerbergs Traum. Hunderte von Unternehmen auf der ganzen Welt streben danach, das Metaverse Wirklichkeit werden zu lassen. Millionen Arbeitsplätze werden entstehen. Virtual Reality wird unsere Welt verändern. Auch wenn anfangs nicht alles perfekt läuft und es Zeit und Mühe erfordert, die Massen zu erreichen, wird die Technologie den größten Wandel unseres gesellschaftlichen Zusammenlebens einläuten – das Leben in zwei Parallelwelten.

„Das Metaverse ist die nächste Iteration von Social Media", sagte Andrew Kiguel, CEO des in Toronto ansässigen Unternehmens Tokens.com, dem Fernsehsender CNBC.[6] Das wirkte wie ein Weckruf für innovative Kommunikatoren, die sich bereits intensiv mit den Möglichkeiten der Kommunikation in der virtuellen Welt befassen. In den kommenden Monaten und Jahren werde es, so Kiguel, dort zu sprunghaften Preissteigerungen kommen – bei Immobilien, Grundstücken und Geschäftszulassungen. Im Januar 2022 wurde öffentlich, dass der Einzelhandelskonzern Walmart sich auf ein Business im Metaverse vorbereitet. Laut einer Unternehmenssprecherin werde bei Walmart kontinuierlich erforscht, wie neue Technologien zukünftige Einkaufserlebnisse prägen könnten. Der Konzern hatte Ende 2021 die Zulassung mehrerer Marken beantragt, was auf seine Absicht hinweist, virtuelle Güter herzustellen und zu verkaufen, darunter Elektronik, Wohndekoration, Spielzeug, Sportartikel und Körperpflegeprodukte.

Zudem verkündete Walmart, dass es den Nutzern eine virtuelle Währung sowie NFTs (Non-Fungible Token) anbieten würde. NFTs sind eindeutige, unteilbare und nicht-austauschbare Werte. Die Einführung von NFTs ermöglicht es Unternehmen, physische Produkte und Dienstleistungen zu „tokenisieren", um die Kosten für Onlinetransaktionen zu senken. „Auch Sportriese Nike reichte Anfang November 2021 eine Reihe von Markenanmeldungen ein, in denen eine Vorschau auf seine Pläne zum Verkauf von virtuellen Markenturnschuhen und -bekleidung gegeben wurde. Dazu hat sich der Sportartikelhersteller mit Roblox zusammengetan, um eine Onlinewelt namens ‚Nikeland' zu schaffen", berichtete CNBC.[7]

Kommunikatoren mit Scharfsinn entwickeln Strategien, um die Corporate Communications in die virtuelle Welt zu integrieren. Auch im Marketing muss ein Umdenken stattfinden, rasches Handeln ist erforderlich. Laut Kiguel wird es sich unendlich rechnen, attraktive Werbeplätze im Metaverse jetzt zu erwerben. Es geht um First Mover und Fast Follower, der zeitliche Vorsprung ist unglaublich wertvoll. Mathew Olsen vom Tech-Portal The Information schätzt: „Unsere Schlussfolgerung ist, dass bis 2025 Gaming, Geschäftskommunikation und Werbung im Metaversum mindestens 82 Milliarden US-Dollar wert sein könnten."[8] Der Softwareriese SAP sowie der Sportartikelhersteller Adidas haben ebenfalls angekündigt, im Metaverse aktiv zu sein. Viele weitere Unternehmen arbeiten an entsprechenden Strategien.

Das Metaverse ist heute schon Realität und visionäre Unternehmenslenker haben längst Projektteams gegründet, um seine Auswirkungen auf ihre Organisation und schließlich die Chancen einer Beteiligung zu prüfen. Für viele sind frühzeitige Präsenzen und Interaktionen elementar, etwa für Unternehmen, die mit ihrem Geschäftsmodell die Gen Z erreichen müssen. Metaverse-Koryphäe Kiguel weist explizit darauf hin, dass junge Generationen künftig vornehmlich in der virtuellen Welt unterwegs sein werden. CEOs, die den Anschluss verpassen, werden es schwer haben, ihr Angebot und ihre Marke im Nachhinein dort zu positionieren. Und es wird schmerzhaft teurer werden als bei einem frühen Einstieg.

One Voice schafft Vertrauen

In der Communicative Organization ist es unerlässlich, dass der CCO die funktionsübergreifende Zusammenarbeit von Corporate Communications, PR, Investor Relations, Public Affairs und Marketing sowie alle weiteren mit Kommunikation betrauten Einheiten intern und extern dirigiert. Nur so schafft er eine konsistente und gleichzeitig flexible Verbindung aller Stakeholder mit der Unternehmensstrategie, dem Narrativ und dem externen Ökosystem. Es geht darum, mit einer Stimme zu sprechen, die Vision immer wieder zu skizzieren und kollaborativ die Ziele des Unternehmens zu erreichen – unabhängig von Kanal oder Zielgruppe. Die Kernbotschaften von Unternehmen werden einheitlicher, die 360-Grad-Sicht wird weiterentwickelt und das gegenseitige Verständnis für das jeweilige Vorgehen wächst. Das Ziel wird zentralisiert: Alle Stakeholder sollen transparent informiert werden. Mit der Communicative Organization gelingt genau das.

„Eine Stimme" bedeutet jedoch nicht die einheitliche Formulierung eines Textes an alle Stakeholder, wie es immer noch in vielen Unternehmen praktiziert wird. Mitarbeiter wünschen sich eine weit persönlichere Ansprache. Sie erkennen die Wertschätzung, wenn der Kommunikator individuelle und entsprechend zuvor definierter Involvement-Ziele vertrauensvolle Botschaften an sie richtet, die im Idealfall zum Dialog anregen. Triviale Texte und Stockfotos im Intranet, die belanglose und unverfängliche Botschaften senden, werden hingegen eher abgelehnt.

Die bewährte Kommunikationsregel „intern = extern" ist spätestens seit dem Aufleben sozialer Netzwerke erweitert um „extern = intern". Mitarbeiter sind enttäuscht oder sogar verärgert, wenn sie nur Botschaften erhalten, die jeder x-Beliebige außerhalb der Organisation auch bekommt. Es geht darum, sämtliche Stakeholder individuell, transparent und glaubwürdig über für sie relevante Themen zu informieren. Mitarbeiter werden in der Communicative Organization als Teil des Ganzen eine herausragende Stelle einnehmen und nicht aus öffentlichen Quellen von Aktionen des Unternehmens erfahren. Stattdessen werden sie selbst informieren. Das müssen sie lernen und leben.

Das Management einer Communicative Organization hat ein Ziel: den aktiven Dialog. Alex Gorsky, CEO von Johnson & Johnson, sagte 2014 in einem Vortrag: „Es ist wichtig, einen offenen Dialog mit Mitarbeitern, Kunden und anderen Stakeholdern zu führen. Denn psychologische Sicherheit ist der Schlüssel zu allen effektiven Teams."[9] Tatsächlich kann es ohne Dialog keine Entwicklung geben. Das Board und der CCO brauchen Informationen über die fragmentierten Bedürfnisse ihrer Stakeholder. Wie werden diese im Unternehmen wahrgenommen und was wird rückgemeldet?

Kommunikation darf nie einseitig sein. Monologe führen zu keiner Evolution. Feedback ist die Grundlage für Optimierungen, daher sollten CEOs ihre Zeit nicht mit Lobhudeleien verschwenden, sondern ihre Gesprächspartner zu ehrlicher Kritik motivieren. Dialogzentrierte Kommunikation führt zu mehr Individualität und das Unternehmen demonstriert Wertschätzung für alle Partner. Nur so gelingt es, Vertrauen aufzubauen und zu erhalten. Wenn Organisationen den eigenen Stakeholdern nicht zuhören und ihnen kein Vertrauen schenken, warum sollten diese es dann umgekehrt tun?

Die Aufgaben eines Chief Communications Officers und seines Teams haben sich mit der Ausrichtung der Kommunikation auf individuellen Stakeholder-Value in den vergangenen Jahren drastisch erweitert. Reine Pressesprecher oder PR-Verantwortliche können nur einen Bruchteil dieses neuen Aufgabenspektrums bewältigen. „Kommunikation ist viel mehr als die Pressestelle, die Pressemeldungen schreibt und nachgelagert strategische Entscheidungen in die Medien bringt. Kommunikatoren müssen mitreden können und auf Chancen und Risiken der Strategie und daraus abgeleiteter Maßnahmen hinweisen“, sagt auch Martin Zimmermann, bis Ende Januar 2022 Vorstand Kommunikation bei Renault Deutschland[10]. „Wer glaubt, dass sein heutiger Job in der Kommunikation oder im Marketing in fünf Jahren noch der gleiche ist, sollte sich warm anziehen“, warnt Thomas Lüdeke, Managing Partner der Personalberatung PRCC.[11]

Der CCO hat seine eigene Disruption schon hinter sich und muss nun sich und sein Team permanent weiterentwickeln und auf den aktuellen Kurs bringen. Künstliche Intelligenz, Virtual Reality, Big Data, Voice-Computing und Echtzeitkommunikation erfordern innerhalb des Teams Experten mit detailliertem Fachwissen, das spezifisch größer ist als das Know-how des CCO. IT-Profis, Datenspezialisten, Profiler, Community-Manager, Psychologen, Kreativdenker und Innovation-Scouts sollten heute in keinem größeren Team mehr fehlen. Die Unternehmenskommunikation in der Communicative Organization hat wenig gemeinsam mit den Corporate-Communications-Bereichen, wie es sie heute noch in vielen Unternehmen gibt.

Klar, kurz, schnell – das sind die Ansprüche

In der Communicative Organization spielt die Gestaltung der individuellen Stakeholder-Kommunikation eine zentrale Rolle. Diese anspruchsvolle Aufgabe ist nicht leicht zu bewältigen, zumal Hunderte oder gar Tausende Mitarbeiter ebenfalls zur Kommunikation befähigt werden sollen. Idealerweise hat der CCO eine klare und nachvollziehbare Strategie entwickelt, die Grundlagen und Guidelines für die Kommunikation enthält. So müssen zum Beispiel alle Mitarbeiter der Communicative Organization wissen, dass lügen oder in die Irre führen tabu ist. Nur mit absoluter Ehrlichkeit kann man Vertrauen gewinnen und überzeugen. Ausreden sind ebenso unerwünscht wie Floskeln und abgedroschene Phrasen. Außerdem: Kommunikation muss schnell sein – idealerweise wie in den sozialen Medien in Echtzeit. An diesem Tempo müssen sich auch Vorstände und Unternehmenssprecher orientieren.

Entscheidend ist in unserer hyperschnellen Zeit eine klare Kommunikation. Die Universität St. Gallen warnt in ihrer Studie „Complex to Clear": „Unklare Kommunikation kann den Ruf schädigen, zum Verlust von Kunden oder Mitarbeitern führen und durch Missverständnisse rechtliche, finanzielle und sicherheitstechnische Risiken verursachen." Die Wissenschaftler heben hervor, dass „die klare Vermittlung komplexer Botschaften nicht nur eine Herausforderung beim Schreiben oder Sprechen ist. Es ist auch ein Managementproblem. Sie erfordert eine Methode."[12] Damit ist gemeint, dass viele Unternehmen – anders als die Communicative Organization – den Dialog nicht ausreichend priorisieren und nicht systematisch organisieren.

> „Schreibe kurz - und sie werden es lesen. Schreibe klar - und sie werden es verstehen. Schreibe bildhaft - und sie werden es im Gedächtnis behalten."
>
> *Joseph Pulitzer, Journalist und Stifter des Pulitzer-Preises*

Klare und nachvollziehbare Darstellungen sind das Ziel. Kommunikatoren, die mit intellektuellen Texten und literarischer Schreibweise einfache Botschaften senden – und sie damit unnötig verkomplizieren –, haben klare Kommunikation nicht verstanden. Schon vor mehr als 100 Jahren stellte Joseph Pulitzer, Journalist und Stifter des Pulitzer-Preises für hervorragende journalistische Leistungen, die Regel auf, die jede gesellschaftliche Veränderung überdauert und in Kommunikationskonzepten nicht fehlen darf: „Schreibe kurz – und sie werden es lesen. Schreibe klar – und sie werden es verstehen. Schreibe bildhaft – und sie werden es im Gedächtnis behalten." Natürlich gilt das noch heute oder wegen der Schnelllebigkeit und Informationsflut unserer Zeit: heute mehr als je zuvor.

Der CCO kommuniziert aktiv. Er fördert Dialoge. Er sucht die Interaktion mit Stakeholdern und generiert mit Transparenz und Aufklärung Vertrauen. Agieren steht vor reagieren – er stellt sich präventiv neuen Entwicklungen im Ökosystem und erzielt über Kommunikation Mehrwerte für seine Organisation. Prioritäten bei den Themen verschieben sich, Kernkompetenzen werden nicht auf eine Person konzentriert, sondern auf Teams.

Bernd Engelien, Chief Communications Officer der Zurich Gruppe Deutschland, ist Visionär und kennt die Herausforderungen der Zukunft: „Es wird noch viel stärker auf den Markenkern der Unternehmenskommunikation ankommen: Reputation managen und Vertrauen schaffen, indem Netzwerke gepflegt und Stakeholder eingebunden werden und zum Diskurs angeregt wird. Kommunikation lebt vom Austausch, vom persönlichen Gespräch und ja, auch vom Telefonat – selbst das kann viel mehr leisten als jede Mail oder jedes Posting."[13]

Engelien, der auch Vorstandsmitglied der Deutschen Gesellschaft für Public Relations e.V. (DPRG) ist, weiß: „In Zeiten, in denen der Vorwurf des Populismus und der einseitigen und verkürzten Darstellung komplexer Sachverhalte nicht nur politischen Rändern gemacht werden kann, wird es wichtiger, das Argumentieren über das Etikettieren zu stellen. Für ein erfolgreiches Wahrnehmungsmanagement der Zukunft wird die Unternehmenskommunikation nicht nur in Kanäle und Technologien, sondern vor allem in Kultur investieren müssen. Denn der Vormarsch von Social und Owned Media führt zwar einerseits zur Demokratisierung und Beschleunigung von Kommunikation – verführt aber oft auch zu einer Verkürzung und einseitigen Zuspitzung von Information. Vor allem die alleinige Konzentration auf Owned Media birgt die Gefahr, dass Unternehmen und ihre Entscheider die Bereitschaft und Fähigkeit zum kritischen Diskurs verlieren. Es braucht aber Mut zur Gegenrede, Bereitschaft zum kritischen Diskurs und auch einen starken Rücken, um komplexere Themen anzupacken, die sich in ihrer Differenziertheit nicht in 280 Twitter-Zeichen packen lassen."[14]

Wir leben in einer Welt geprägt von Eitelkeiten und Dünnhäutigkeit. Wer führen will, muss Position beziehen und eine Haltung einnehmen – was durchaus unbequem sein kann. Wer sich aber in die wohlige Endlosschleife der Selbstbespiegelung flüchtet, um Dissens und Diskurs zu entkommen, immunisiert sich von vornherein gegen Erkenntnisgewinn. „Nicht der Konsens, sondern der Dissens beweist die Qualität von Kommunikation, stärkt Vertrauen und führt letztlich zum Reputationsgewinn. Wer unter Unternehmenskommunikation jedoch das Aufblähen von ‚Like'-Bubbles missversteht und potenzielle Reichweite mit faktischer Relevanz verwechselt, verkennt sowohl das Potenzial der PR als auch die gesellschaftliche Verantwortung der Unternehmenskommunikation", so Engelien[15]. Ähnlich analysiert auch das Edelman Trust Barometer 2022, das in der Jagd nach Klicks eine „Gefahr für Desinformation und gesellschaftlicher Spaltung" sieht.[16]

Innovativ und individuell – so gelingt Kommunikation

Chief Communications Officer müssen umdenken: Kommunikation braucht Innovation! Und Individualisierung! Die Art der Kommunikation muss sich nach den Empfängern richten. „Eine Botschaft für alle" gehört der Vergangenheit an. Und Vorsicht: In unserer diversen Gesellschaft sind Schubladendenken und Stereotype tabu; beides kann unangenehme Auswirkungen haben. Kommunikatoren müssen sich daran gewöhnen, Individuen anzusprechen und genau deren Informationsbedarf zu treffen. Die argumentative Vielfalt und Meinungsbreite erreicht in Foren und auf Plattformen ganz neue Dimensionen. Die Adressaten waren noch nie so divers, inklusiv und aktiv. In diesem Umfeld Botschaften ansprechend und überzeugend zu platzieren, ist die große Herausforderung der kommenden Jahre und erfordert innovative Maßnahmen. Und Mut.

Individualität und Bedürfnisse singulärer Zielgruppen geben Themen, Formate, Timing und den Stil der Kommunikation vor. Mit psychologischem Geschick müssen Informationen und Botschaften so aufbereitet werden, dass sie punktgenau treffen. Doch Kommunikationsprofis müssen das Rad nicht völlig neu erfinden, einige bewährte Methoden und Ansätze sind nach wie vor gefragt. So werden Wiederholungen weiterhin verinnerlicht, und wenn eine konsistente Botschaft über drei unterschiedliche Kanäle gespielt wird, erzielt das automatisch mehr Vertrauen beim Empfänger. Doch in den sensiblen 2020ern ist einfach mehr Feingefühl und Kreativität erforderlich. Wer stur (und ausschließlich) auf Wiederholungen setzt, wird eher Langeweile und Desinteresse auslösen; im schlechtesten Fall wendet sich die Zielgruppe ganz ab.

Die veränderten Ansprüche verlangen auch eine hohe Relevanz von Botschaften. Der CCO darf die Stakeholder nicht mit sinnlosem, trivialem Zeug überfluten. Die Adressaten sind diverser als noch vor Jahren. Dem muss sich auch der Kommunikator anpassen. Ebenso muss die Frequenz der Botschaften sensibel austariert sein, sonst erzielt der Kommunikator nicht das gewünschte Ergebnis. Es ist kaum zu glauben, aber einer unserer Kunden, eine mittelgroße Organisation, bespielte allein für die interne Kommunikation 17 Kanäle, und das ging teilweise auch noch am Kommunikationsverantwortlichen vorbei. Der CEO wusste von dieser desolaten Situation gar nichts. Die Themen doppelten sich und manchmal gab es sogar widersprüchliche Botschaften. Wir zentralisierten die Steuerung, ermöglichten Feedback und Dialog und reduzierten das Ganze auf vier Kanäle. Diese erfuhren dann die notwendige Aufmerksamkeit und wirkten. Wichtig: Selbst in der Communicative Organization, in der Kommunikation das zentrale Thema darstellt, darf es nicht zu einer Überschwemmung kommen. Sonst gehen Aufmerksamkeit und Interesse der Empfänger verloren.

Wer mit Botschaften seine Zielgruppe begeistert, bleibt nachhaltig im Gedächtnis. Ein befreundeter Kommunikationsprofi hat auf der Basis einer Unternehmensstrategie einen Kinofilm für die Mitarbeiter produzieren lassen, der in angemieteten Kinosälen präsentiert wurde, während der CEO dort Popcorn verteilt hat. An diese kreative und wertschätzende Aktion werden sich die Mitarbeiter noch in vielen Jahren erinnern und darüber sprechen. Ein weiteres Beispiel: Wir haben für einen Finanzdienstleister einen personalisierten Film gedreht. Der Kunde hat in dem Video über ein Hotel mehrfach seinen Namen lesen können: zum Beispiel auf dem Welcome-Schild an der Rezeption und bei der Tischreservierung im Restaurant. Noch individueller und psychologisch wirksamer kann eine Kundenansprache kaum ausfallen.

Doch nicht nur überraschende und kreative Kommunikation bleibt haften. Auch besonders offene, ehrliche und außergewöhnliche Botschaften erreichen die Empfänger und hinterlassen einen bleibenden Eindruck. Der britische Journalist Sydney J. Harris hat es trefflich formuliert: „Die beiden Wörter ‚Information' und ‚Kommunikation' werden oft austauschbar verwendet, aber sie bedeuten ganz unterschiedliche Dinge. Informationen werden ausgegeben; Kommunikation durchdringt."[17]

Nicht nur Informationen senden, sondern wirklich zu den Empfängern durchdringen. Das ist längst auch Ziel der Werbetreibenden, die mit der digitalen Disruption ebenfalls einen brachialen Change durchleben. Digital Marketing ermöglicht, vor allem durch die Nutzung von Daten, individuelle Werbeerfolge, die nur mit ausgeprägter Kompetenz erzielt werden können. Die Werbenden produzieren kreativen Content, sie kreieren Storys, gestalten Customer-Journeys und lernen aus Customer-Experiences. Eine intelligent aufbereitete Content-Strategie, die alle Ansprüche an eine wirkungsvolle Customer-Journey abdeckt, gehört zum Standard des Marketers. Dazu zählen die Personalisierung in der Ansprache, also Account Based Marketing, ebenso wie eine klare Navigation durch den Sales Funnel – den Prozess, der aus einem Interessenten einen Kunden macht.

„Die beiden Wörter ‚Information' und ‚Kommunikation' werden oft austauschbar verwendet, aber sie bedeuten ganz unterschiedliche Dinge. Informationen werden ausgegeben; Kommunikation durchdringt."

Sydney J. Harris, Journalist

Marketers haben längst klassische Ziele von Corporate Communications adaptiert. Sie wollen ebenfalls Vertrauen generieren, glaubwürdige Botschaften senden und Werte der Organisation kommunizieren. Das Marketing nähert sich immer mehr der professionellen Unternehmenskommunikation an. Während vor einigen Jahren allein der Abverkauf das Ziel war, hat sich das Marketing inzwischen auf die Nutzung von Daten und Unternehmensinformationen sowie auf Reputation und Purpose ausgerichtet. Image und Reputation sind die zwei Seiten einer Goldmedaille – und die heißt Marke. Es gibt keine klare Abgrenzung von Marketing und Corporate Communications mehr, stattdessen entstehen immer mehr Schnittmengen. Silos verschwinden, eine entsprechende Denke ist out. „Unternehmenskommunikation – von der klassischen PR über Social Media bis hin zur internen Kommunikation – entwickelt ihre volle Stärke erst dann, wenn sie nicht im Silo der PR-Abteilung existiert, sondern in Form eines Brand Command Centers die Verständigung aller internen und externen Stakeholder maßgeblich unterstützt", sagt Lea Manthey, die bei Meltwater das gesamte Marketing der EMEA-Region verantwortet.[18]

Die Symbiose aus Marketing und PR ist insbesondere bei neuen Technologien wie zum Beispiel Sprachassistenten erkennbar. Sie verändern rasant die Art und Weise der populären Kommunikation und ebenso die des E-Commerce. Innovative CCOs entwickeln Sprachassistenten, die sie in unternehmenseigene Plattformen und Geschäftsprozesse integrieren, zu denen auch Marketingaktivitäten zählen. Hier geht es um die First Mover. Denn anders als Suchmaschinen geben Alexa, Siri und Co keine Listen mit Antworten aus. Wer nach einem Bioladen in seiner Umgebung fragt, bekommt genau eine einzige Adresse. Der Betreiber dieses Bioladens hat diese Pole-Position quasi auf Lebenszeit, weil er früh genug Voice-Computing genutzt hat. Als wir 2016 Sprachassistenten für ein Unternehmen belegt haben, war das Management skeptisch, ob diese Initiative erfolgreich sein würde. Heute freut es sich über den nachweisbaren Vorteil gegenüber allen Wettbewerbern.

Damit ganzheitliche Kommunikation gelingt, müssen die Verantwortlichen auch auf relevante Regularien und Gesetze achten. Dabei geht es unter anderem um den Schutz von sensiblen Daten. Datenschutz muss nicht die Angelegenheit einzelner Abteilungen sein, sondern kann zentral durch das Care-Team der CINCO erfolgen. Dieses prüft einfließende Informationen auf Richtigkeit, Aktualität, Relevanz und Rechtmäßigkeit. In der Communicative Organization wird das Marketing ein Team im Cluster Communications sein und kollaborativ in der gesamten Organisation an unterschiedlichen Projekten und Prozessen mitwirken. Entscheidend ist die Customer-Journey, die in der modernen Organisation von ihrem Ende her gedacht wird. „Was will der Kunde?“, lautet stets die erste Frage und nicht etwa „Wie verkaufen wir unsere Produkte?“ oder „Wie können wir am schnellsten den Verkauf skalieren?“

Qualität und Preis der angebotenen Dienstleistungen und Produkte müssen stimmen, keine Frage. Entscheidendes Zünglein an der Waage sind aber immer öfter Emotionen, die Unternehmen mit ihrer Ansprache hervorrufen. Marketers müssen umdenken, die Kunden haben ihre Ansprüche verändert. Wenn der Kunde im Zentrum des Handelns steht, muss die Customer-Journey aus seiner Perspektive gestaltet werden. Es kommt stark auf die Werte und den Purpose der Organisation an. Kunden fragen schon heute, wofür Unternehmen stehen, welches Narrativ sie haben und wie sie sich für die Gesellschaft und ihre Stakeholder einsetzen.

Social Corporate Responsibility ist eines der wichtigsten Themen der Zukunft und CEOs sollten sich von ihren Kommunikationsverantwortlichen eine Strategie mit klaren Handlungsempfehlungen vorlegen lassen. Haltungskommunikation muss überzeugen und darf in keiner Weise den Eindruck hinterlassen, man schließe sich nur mal eben dem Zeitgeist an. Daher sollten in einem frühen Stadium das Board und der CCO genau definieren, wofür sie stehen. Die Perspektive sollte von den Stakeholdern ausgehen: Was erwarten sie? Laut einer Gallup-Umfrage zum Mitarbeiterengagement[19] muss die Kommunikation in den Bereichen „Werte“ und „Wohlbefinden“ verbessert werden. Nach einer Analyse von Januar 2021 kennen mehr als zwei Drittel der Mitarbeiter deutscher Unternehmen, die in direktem Kundenkontakt stehen, das Markenversprechen nicht. Diese Ergebnisse verdeutlichen den akuten Handlungsbedarf.

Konsumenten sind jetzt überlegene Prosumenten

Viele Konsumenten haben sich zu bewusst agierenden Prosumenten weiterentwickelt – und ihr Anteil, der derzeit bei etwa 50 Prozent liegt, steigt ständig. Vor der Kaufentscheidung informieren sie sich auf vielfältige Weise: über Vergleichsplattformen und Bewertungsportale und über jederzeit verfügbare Details über Wettbewerber und deren Produkte beziehungsweise Dienstleistungen. Prosumenten stellen Preis- und Leistungsvergleiche an und fragen gezielt nach dem günstigsten Angebot, aber auch nach sozialer Verantwortung der Anbieter. Sie lassen sich nichts mehr verkaufen, sondern entscheiden selbst. Sie verlangen Transparenz und faire Angebote. Vor allem fordern sie eine nachhaltige Produktion und kaufen bei Unternehmen, die sich für Klimaschutz, Diversität, soziale Gerechtigkeit und andere gesellschaftliche Themen engagieren.

Der Verbraucher von heute ist mündig, gut informiert und kann seine Bedürfnisse klar definieren. Er lässt sich kein X für ein U vormachen. Dieser Typ Kunde bestimmt mit seinem Kaufverhalten zunehmend das Angebot. Online erwartet er bruchfreien Service und Komfort mit wenigen Klicks, sein Verhalten und seine Wünsche sind bereits für die Produktentwicklung maßgebend. Es kommt auf die Usability an. Diese muss Grundlage für die Entwicklung aller Prozesse sein. Klassische Werbung verliert an Relevanz. Der Unternehmenslenker kann durch eine Integration von Marketing in Corporate Communications eine effiziente Struktur schaffen und Kosten einsparen. All das geschieht jenseits jeglichen Silodenkens.

Kommunikatoren sind gefordert, ein möglichst treffsicheres Kundenprofiling zu entwickeln und eine Customer-Experience zu gestalten, in der Haltung und Werte so integriert werden, dass die höchstmögliche Kundenzufriedenheit erreicht wird. Durch die Nutzung von Daten und den Einsatz von Künstlicher Intelligenz haben Kommunikationsverantwortliche ein Universum an Möglichkeiten. Business-Automation wird bereits heute in der Corporate Communication und im Marketing gerne genutzt, um mit Kunden in Dialog zu treten und effiziente Prozesse zu entwickeln. Im Kern ist das Wettrennen zwischen herkömmlichen Unternehmen und den neuen Top-Playern in der Wirtschaft keines um das bessere Produkt, sondern eines um das bessere Organisationsmodell und dessen Kommunikation. Innovative Strukturen machen bahnbrechend neue Geschäftsideen erst möglich. Das lehren uns auch die Start-up-Gründer.

Zuhören ist Basis jeder Kommunikation

Trends aufspüren, zuhören und von anderen lernen ist ein bewährtes Vorgehen. Die Anforderungen an Kommunikatoren in Bezug auf Agilität und Geschwindigkeit steigen stetig. Dank Social Media und innovativer Technik ist Echtzeit-Kommunikation bereits etabliert, doch auch sie entwickelt sich weiter und soll noch individueller und zielgenauer werden. Hier rückt das erwähnte „Listening" stärker in den Fokus, weil eine gute Reputation und eine positive Wahrnehmung für Organisationen existenziell sind. Diese gilt es zu schützen und zu verteidigen und im Optimalfall zu stärken. Das wird in den kommenden Jahren immer wichtiger, auch weil die Bedrohungen zunehmen.

Wie wichtig eine flexible und individuelle Kommunikation ist, zeigte sich, als in den sozialen Medien Shitstorms und Fake News auftauchten und in Windeseile viral gingen. Es gibt sie leider, diese „Schwurbler", die unreflektiert gegen jeden hetzen, der nicht ihrer Meinung ist, und die Fakten konsequent aus ihrer Argumentation verbannen. Sie posaunen ihre eigene Meinung heraus und versuchen, schwache Geister auf ihre Seite zu ziehen; das geschieht vorwiegend mithilfe sozialer Medien und ausgesuchter Foren. Ihr unermüdliches Hetzen und penetrantes Geißeln ist oft sehr wirkungsvoll, sodass ihre Community seit Jahren wächst. Diese Einzelpersonen oder Gruppen sind vor allem im politischen Umfeld aktiv.

Doch auch größere Konzerne und Unternehmen spezieller Branchen wie Tabak- oder Rüstungsindustrie dienen ihnen als Zielscheibe.

Kommunikationsverantwortliche sind gefordert, diesen gefährlichen Tendenzen entgegenzuwirken. Ihre Werkzeuge: Fakten, klare Botschaften und nachvollziehbare Erklärungen von Sachverhalten. Sie müssen, falls nötig, für Korrektur oder Einordnung sorgen, und das unmittelbar. Doch nicht immer verlangen kritische Posts eine prompte Reaktion. Das weiß auch Christian Maertin, der die Corporate Communications von Bayer steuert. Mit seinen Mitarbeitern hat er ein Rapid-Reaction-Team gegründet und kann so weltweit alle Veröffentlichungen rund um den Bayer-Konzern und dessen Topics 24/7 screenen und bei Bedarf schnell und global reagieren.

„Eine unmittelbare Reaktion ist allerdings nicht häufig erforderlich", erzählt er aus seinem Alltag. Nicht jeden negativen Tweet müsse man kommentieren, vieles erledige sich von selbst, ohne dass daraus ein nachhaltiger Schaden entstünde. Maertin empfiehlt Kommunikatoren eine gesunde Portion Gelassenheit und erspart seinen C-Level-Managern unwichtige Motz-Tweets. Die spezielle Listening- und Reaction-Einheit steuert Maertin über eine Messenger-Gruppe. „Mir war wichtig, dass wir das unkompliziert und ohne große Ressourcen machen können", berichtet der Kommunikationsexperte. Zudem verfügt Bayer neben professionellen Monitoring-Dienstleistern über ein „Insights-Team". Die Mitglieder haben die Aufgabe, relevante Informationen und Themen über Bayer zu filtern und an zuvor definierte Empfänger zu schicken. Lange Abstimmungsketten und zeitintensive Freigabeprozesse sind allenfalls bei rechtlichen, regulatorischen oder existenzbedrohlichen Themen nötig. „Kommunikationsverantwortliche müssen in der Lage sein, schnell und direkt zu kommunizieren", plädiert Maertin. „Dafür übernehmen sie auch die Verantwortung."[20]

Monitoring als Teil von Listening

„Zuhören" ist eine grundlegende Direktive, also Basis jeder professionellen Unternehmenskommunikation. Sie galt immer schon als wichtige Disziplin und ist in der hyperschnellen Interaktionswelt von heute wichtiger denn je, weil im Grunde jeder überall und zu jeder Zeit kommunizieren kann. Spezielle Monitoring- und

Analyseunternehmen übernehmen mithilfe Künstlicher Intelligenz und Robotic das laufende Screening und Profiling von Themen und Erwähnungen in Medien, auf Social-Media-Plattformen und in Foren in Echtzeit. In der Communicative Organization fließen diese Informationen in die CINCO ein. Dort sind sie ohne Verzögerung abrufbar, ob mit Voice-Assistenten, einem Dashboard mit Echtzeitinformationen oder als Push-Nachricht aufs Handy.

In vielen Unternehmen gibt es immer noch einmal täglich den Pressespiegel, der per E-Mail an einen fest definierten Empfängerkreis der Organisation geht. Ein Pressespiegel bildet jedoch nur noch einen Bruchteil der heutigen Kommunikationsflut ab; wichtiger ist das erwähnte Screening aller Social-Media-Kanäle, Foren und Plattformen. Auch der Adressatenkreis muss überdacht werden. In der Communicative Organization sind solche Auswahlprozesse undenkbar, denn Mitarbeiter, die nicht im Verteilerkreis sind, könnten sich ausgeschlossen und unwichtig fühlen. Der Dialog mit den Mitarbeitern ist die Basis der innovativen Organisationsform und entsprechend brauchen sie alle relevanten Informationen. Jederzeit und ungefiltert. Die Communicative Organization schließt niemanden aus.

Die Monitoring-Anbieter erstellen zudem umfangreiche Analysen und Sentiment-Messungen, sodass der Kommunikationsverantwortliche ein klares Bild von der Stimmung und der Reputation der Organisation erhält. Daraus kann er Trends und Themen sowie dringende Handlungsfelder ableiten und bedrohliche Situationen frühzeitig erkennen. Die Frequenz, spezielle inhaltliche Vorgaben und den Umfang des Monitorings bestimmt der Kommunikationsverantwortliche mit dem Code-Book. In der Communicative Organization liefern Monitoring-Dienstleister permanent und nicht in Intervallen relevante Informationen aus Medien und öffentlichen Kanälen, die der CCO mit seinem Team in die CINCO leitet, sodass alle Mitarbeiter Zugriff haben. Ergänzend speisen Mitarbeiter Informationen ins Netzwerk ein, die nicht öffentlich abrufbar sind – etwa unternehmenseigene Daten und persönliche Erfahrungen.

So gelingt ein ganzheitliches Profiling und Monitoring sowie der Aufbau des wertvollen Wissensnetzwerks. Wenn derzeit schon die These „Daten sind die neue Währung“ unter Managern etabliert ist, wie bedeutend und kostbar wäre dann die Ergänzung um Wissen und Erfahrungen, um Kenntnisse und Erlebnisse? Und das alles abrufbar in Echtzeit mit einem Voice-System und individueller Dashboard-Technik.

Defizite der CEOs

Ein sensibles und umfassendes Monitoring gehört zum Listening. Der Kommunikationsverantwortliche sollte genau wissen, was die Stakeholder wollen und was sie sagen und fragen. Die Unternehmensleitung weiß es häufig nicht, wie der bereits erwähnten Studie „It starts with the CEO“ der Managementberatung Egon Zehnder (2021) zu entnehmen ist. Auf die Frage, welches negative Feedback sie wiederholt von anderen Menschen erhalten haben, lautete die mit Abstand häufigste Antwort der CEOs: die Unfähigkeit, anderen Menschen aufmerksam zuzuhören. 45 Prozent der Befragten räumten diesen wiederholten Vorwurf und auch dieses tatsächliche Defizit ein. Die CEOs wissen also, dass sie nicht zuhören.

Mit 17 Prozent ist das zweithäufigste erkannte Defizit, dass der CEO zu nachsichtig ist und Konflikte vermeidet. Jeweils 13 Prozent wurden mit dem Vorwurf konfrontiert, zu wenig Empathie zu haben beziehungsweise ein schlechter Coach zu sein. 9 Prozent der CEOs wurden dafür kritisiert, nicht genug in Beziehungen zu investieren und 7 Prozent würden kein Feedback geben. 5 Prozent der CEOs bekamen mehrfach das Feedback, unzureichend zu kommunizieren, zu wenig und unklar oder zu Wortschwallen neigend.[21]

Je ausgeprägter diese Defizite bei Managern sind, desto mehr kommt es auf einen aufmerksamen CCO an. Im Idealfall hören Kommunikationsprofis nicht nur das, was gesagt wird, sondern interpretieren auch Mimik und Gestik richtig und erkennen, was nicht gesagt wurde. In unserer schnelllebigen Zeit ist echtes Zuhören zu einer Kunst geworden. Viele Menschen wissen selbst, dass sie zum Beispiel in Meetings nicht aufmerksam genug dem Redner folgen, weil sie gedanklich schon an dem feilen, was sie im Anschluss beitragen wollen. Damit verpassen sie relevante Aussagen. Gutes Zuhören ist viel mehr als nur zu schweigen, während die andere Person spricht. Der Ökonom und Unternehmer Peter F. Drucker wurde berühmt mit seiner These: „Das Wichtigste an Kommunikation ist zu hören, was nicht gesagt wurde.“[22] Sie gilt als Leitmotiv für Kommunikatoren. Das macht in der Communicative Organization den Unterschied.

Gesagt bedeutet nicht gleichzeitig gehört und gehört bedeutet noch lange nicht verstanden. Professionelle Kommunikation darf keinen Raum für Fehlinterpretationen lassen und muss auf den Punkt kommen. Das gilt auch für denjenigen, der möchte, dass sein CEO ihm zuhört. Kommunikationsprofis sollten unbedingt langatmige Ausführungen vermeiden, denn so unterschiedlich CEOs auch sind, eines haben sie alle: wenig Zeit! Wenn der Kommunikator vom Kunden her denkt, bereitet er sich genau mit diesem Wissen auf das Gespräch mit dem CEO vor und agiert entsprechend seiner Bedürfnisse. Es kommt auf die Essenz an. Dennoch müssen CEOs heute bedeutend mehr Zeit für Kommunikation aufwenden, denn sie ist die Basis der Communicative Organization und hat höchste Priorität. •

Entgegen der weit verbreiteten Einschätzung, „Kommunikation, das kann doch jeder", kann wirkungsvolle Kommunikation in der Communicative Organization nur mit hoher fachlicher Kompetenz, Scharfsinn und Individualität gelingen. Die auf die fragmentierten Bedürfnisse ausgerichtete Ansprache ist ebenso bedeutend wie das Wiederholen der wichtigsten Botschaften. In der Communicative Organization werden so wieder die Vorteile der CINCO deutlich: Speziell ausgebildete Kommunikationsprofis entwickeln Konzepte, Botschaften und Sprachempfehlungen für alle Mitarbeiter. Zudem geben sie Tipps und beantworten alle offenen Fragen. Das befähigt selbst verunsicherte Mitarbeiter zur selbstbewussten Kommunikation. Stakeholder machen so an jedem Touchpoint homogene Erfahrungen. Das vermittelt Kompetenz und schafft Vertrauen.

Vertrauen ist Chefsache

Der „European Communications Monitor 2021"[23] kommt zu dem Ergebnis, dass die Gewinnung und der Erhalt von Vertrauen die wichtigste Aufgabe des Kommunikationsverantwortlichen ist. Die Befragung von rund 2 600 CEOs europäischer Organisationen ergab, dass 38,9 Prozent dieser Ansicht sind, alle weiteren platzierten diese Aufgabe auf Position 2 oder 3. In den Niederlanden sieht sogar jeder Zweite die Vertrauensbildung in der Kommunikation als wichtigsten Auftrag. Damit steht in der jährlich erscheinenden Studie das Vertrauen zum vierten Mal in Folge ganz oben auf der Rangliste der wichtigsten Kommunikationsziele. Doch können Kommunikatoren das leisten?

Während noch vor wenigen Jahren ganz klar die Qualität eines Produktes sowie dessen Preis im Vordergrund standen, ist es inzwischen das Vertrauen – in dessen Herstellung, Vermarktung und Leistung. Es geht aber auch um die Werte des dahinterstehenden Unternehmens. Das belegt: Vertrauensbildung und -schutz ist Aufgabe des obersten Managements. Martin Zimmermann, ehemals Vorstand Kommunikation von Renault Deutschland, empfiehlt Managern: „Auch ein CEO sollte sich selbst nicht zu wichtig nehmen. Wer Menschen mit Empathie begegnet und so behandelt, wie man selbst behandelt werden möchte, gewinnt Vertrauen.“[24]

> „Alles, was Sie im Business haben, ist Ihr Ruf - daher ist es sehr wichtig, dass Sie Ihr Wort halten.“
>
> *Sir Richard Charles Nicholas Branson, Unternehmer und Gründer der Virgin Group*

Vertrauen zu gewinnen und zu behalten, liegt jedoch nicht allein in der Macht des Kommunikators, er kann nur den Rahmen modellieren. Manager sollten aufhören, dieses wichtige Thema zu delegieren und sich selbst intensiv damit befassen. Denn: Stakeholder vertrauen Organisationen, wenn diese ihre Erwartungen erfüllen. Im Idealfall informieren Unternehmen frühzeitig, transparent und glaubwürdig über ihre Arbeit und ihre Entscheidungen. Der Kommunikator wird in der Communicative Organization zum Navigator des Managements. Er vermittelt die Erwartungen aller Stakeholder und sucht mit dem Vorstand nach Maßnahmen zur Vertrauensbildung und -festigung, die er schließlich kommuniziert. Vertrauensmanagement ist Teamwork. Und dieses Team besteht in der Communicative Organization nicht nur aus Unternehmenslenker und Kommunikationsverantwortlichen, sondern aus allen Mitarbeitern.

Auch die Mitarbeiter müssen nicht nur dem CEO, sondern auch dem CCO vertrauen, damit alle Maßnahmen wirkungsvoll und authentisch umgesetzt werden können. Das hebt Nils Hille, Geschäftsführer der Deutschen Akademie für Public Relations, hervor: „Vertrauen ist und bleibt einer der zentralen Skills – der übrigens häufig behauptet, aber dann doch nicht gelebt wird. Nur wenn der Chief Communications Officer seinem Team echtes Vertrauen schenkt, gewinnt er auch an Vertrauen. Das ist die Basis für eine offene und heute entscheidender denn je langfristige Zusammenarbeit und für ein Digital Leadership auf Augenhöhe.“[25] Vertrauen ist elementar, und das auch auf weiteren Ebenen. Der CCO muss Vertrauen generieren und alle Stakeholder überzeugen.

Damit der Chief Communications Officer und sein Team alle Vorteile der CINCO auch in der Praxis umsetzen können, brauchen sie das Vertrauen und den krisenfesten Rückhalt des Managements. Denn das Unternehmen wird transparent. „Ob Kommunikatoren erfolgreich wirken können, hängt sehr stark von der Kultur ab“, stellt Bayer-Kommunikator Maertin fest. „In unserem Unternehmen hat Kommunikation seit vielen Jahren einen sehr hohen Stellenwert – das ist eine wichtige Voraussetzung für unseren Erfolg.“ Ein stabiles Vertrauen zwischen Management und Kommunikationsverantwortlichen ist für den Kommunikationsprofi eine der wichtigsten Voraussetzungen – auch für die kommenden Jahre. „Das Management legt großen Wert auf unsere Beratung und folgt unseren Empfehlungen“, sagt der ehemals investigative Journalist und ist sich seiner hohen Verantwortung bewusst. Vertrauen von Führungskräften in die Leistung des Kommunikationsverantwortlichen ist unabdingbar für ein gutes Zusammenspiel.[26]

Unternehmen, die ihre Kunden wiederholt enttäuschen, verspielen Vertrauen und werden es zunehmend schwer haben, am Markt zu bestehen. In dieser schwierigen Situation befindet sich zum Beispiel die Deutsche Bahn. Die berechtigte Erwartung der Kunden, pünktlich an ein Ziel befördert zu werden, wurde vielfach und über Jahre hinweg nicht erfüllt. Und die Bahn kommunizierte auch keine glaubhaften Maßnahmen, die erwarten lassen, das werde sich ändern. Würde der Staat den Konzern, der ohnehin davon profitiert, einer der wenigen Anbieter für eine große Nachfrage zu sein, nicht stützen, hätten alternative Anbieter längst deutlich höhere Marktanteile. Auch der VW-Konzern hat schmerzlich die Auswirkungen eines Vertrauensverlustes im Zuge der Diesel-Affäre gespürt; die Kunden waren enttäuscht und viele haben sich abgewandt. Ein Schaden, der sich nicht so leicht ausgleichen lässt. Beide Konzerne können dank ihrer starken Marken aber auf loyale Kunden setzen, die Fehler verzeihen. Die Beispiele zeigen deutlich, wie wertvoll eine gute Marke sein kann.

Vertrauensforscher sind sich einig, dass Menschen vertrauen, wenn sie jemanden für kompetent, wohlwollend und integer halten. Hier steht wiederum der Chief Communications Officer in der Pflicht, denn er ist für die Positionierung von Unternehmen und C-Level verantwortlich. Vertrauen ist darüber hinaus unmittelbar mit der Reputation eines Unternehmens verbunden. Organisationen, die kein Vertrauen genießen, können keine positive Reputation aufbauen. Wallstreet-Legende und Star-Investor Warren Buffet warnte schon immer: „Für den Aufbau einer guten Reputation braucht man 20 Jahre, um diese zu zerstören, keine fünf Minuten.“[27]

Ein Beispiel für Markenbeschädigung ist die Aussage von Tony Hayward, ehemaliger CEO des Ölmultis British Petrol BP. Nach der Ölkatastrophe auf der Ölplattform „Deepwater Horizon" im Golf von Mexiko im April 2010 sagte er bei einer Rede vor Journalisten und Anwohnern der Region: „Ich möchte mein altes Leben zurück."[28] Diese Aussage löste weltweite Empörung aus und kostete Hayward nicht nur seinen Job, sondern bescherte BP massive Vertrauensverluste und Reputationsschäden. Und an wen denkt man noch heute, wenn verlorene Millionen nur „Peanuts" sind? An Ex-Deutsche-Bank-Chef Hilmar Kopper.

> „Für den Aufbau einer guten Reputation braucht man 20 Jahre, um diese zu zerstören, keine fünf Minuten."
>
> *Warren Buffet, Investor und CEO Berkshire Heathaway*

Ein aktuelleres Beispiel für Kommunikationsversagen und Vertrauensverlust ist der vielfach zitierte und gezeigte Lacher des damaligen CDU-Kanzlerkandidaten Armin Laschet im Ahrtal 2021. Während Bundespräsident Frank Walter Steinmeier sich nach der Flutkatastrophe in einer mitfühlenden Rede an die Anwohner wandte, amüsierte sich Armin Laschet im Hintergrund köstlich im Gespräch mit einigen anderen. Sofort wurden Rücktrittsforderungen laut. Und nicht wenige Stimmen behaupten, das habe die CDU den Sieg bei der Bundestagswahl 2021 gekostet.

Um Missverständnissen vorzubeugen: Wir wollen hier keine Ängste schüren, sondern im Sinne der Communicative Organization zur aktiven Kommunikation ermutigen. Allerdings sollten Manager auch die Risiken proaktiver Kommunikation kennen, sie richtig einschätzen und entsprechend verantwortungsbewusst handeln. Selbst wenn es im Nachgang jedem Unternehmenslenker und Kommunikationsprofi – und auch jedem Laien – klar ist, wie falsch und unverantwortlich die Aussage des BP-Chefs war, kommt es doch immer wieder zu solchen Vorfällen. Das ist menschlich. Und genau deswegen sollten sich Unternehmenslenker gerade in Krisensituationen und bei sensiblen Themen stets mit ihrem Kommunikationsverantwortlichen abstimmen. Hat er die Qualitäten eines Chief Communications Officers, wird er den CEO und andere Speaker sicher durch stürmische Gewässer navigieren und die Reputation der Organisation und ihrer Repräsentanten schützen.

Gute Reputation ist Milliarden wert

Reputation ist messbar. Und individuell interpretierbar. Wer im „Fortune-500-Ranking" der beliebtesten Unternehmen auf Spitzenplätzen rangiert – das sind seit 2019 Apple, Amazon und Microsoft –, findet sich längst nicht in allen Rankings an gleich guter Position wieder. Entscheidend ist der Bewertungsweg. „Fortune" befragt jährlich etwa 3700 Führungskräfte und Analysten. Andere, wie RepTrak, befragen Verbraucher nach deren Wahrnehmung.

Laut Daten der Reputationsanalysten sagen 85 Prozent der Verbraucher, dass sie Produkte von einem Unternehmen mit einem Top-Ruf kaufen würden, während nur 9 Prozent auch bei Unternehmen mit eher mäßigem oder schlechtem Ruf einkaufen würden. RepTrak berichtet auf seiner Website, dass die Verbesserung um einen Punkt im Ranking für ein typisches Unternehmen den Wert von 1 Milliarde US-Dollar bedeutet. Die Unternehmen mit der besten Reputation waren 2021 für RepTrak Lego und Rolex, gefolgt von Ferrari, Bosch, Harley-Davidson, Canon, Adidas, Disney, Microsoft und Sony.[29]

Mit der Reputation einen Spitzenplatz zu erreichen, muss das Ziel jedes Kommunikators sein, denn für das Unternehmen handelt es sich um ein wichtiges Asset, das immer mehr an Wert gewinnt. Robert Grimm, Head of Corporate Reputation and Public Affairs beim globalen Marktforschungsinstitut Ipsos, weiß: „Reputation ist ein Kapital, das lange Zeit aktiv aufgebaut werden muss. Unternehmen sollten sich ihrer Wahrnehmung bei Stakeholdern immer bewusst sein und diese gezielt durch Kommunikationsmaßnahmen und Handeln steuern. Um glaubhaft zu sein, müssen dabei alle wichtigen Unternehmensfunktionen an einem Strang ziehen."[30]

Der Chief Communications Officer heißt in angelsächsischen Organisationen oftmals Chief Reputation Officer. Damit wird das Ziel seines Tuns, eine starke Reputation zu sichern, in den Vordergrund gerückt. Das erreicht der Reputation-Manager primär mit Kommunikation. Aber es gehört mehr dazu. Heute wird erwartet, dass der CCO dem Board eine klare Strategie vorlegen kann, mit welchen Maßnahmen die Reputation des Unternehmens gesteigert und vor allem geschützt werden kann. In diese Strategie gehören Themen wie gesellschaftliches Engagement, soziale Verantwortung, Nachhaltigkeit, Diversität und Inklusion. Aus diesem Grund ist der CCO immer öfter auch für die Unternehmenskultur und -strategie verantwortlich.

Reputationsmanagement ist heute so anspruchsvoll wie noch nie. Unabhängige Bewertungsportale wie Google, Trustpilot oder Kununu finden immer mehr Beachtung und müssen professionell gemanagt werden. Die Darstellungen auf den Portalen sind selten objektiv und oftmals emotional getrieben. Dennoch oder gerade deswegen vertrauen Verbraucher den Bewertungen. Zudem müssen CCOs heute stärker präventiv und quasi sofort reagieren. Daten und Berichte bezogen sich bisher eher auf die Vergangenheit. Doch mit Stimmungsmessungen und Beobachtung der Echtzeitkommunikation können CCOs gut einschätzen, was auf sie und ihre Organisation zukommen könnte. Durch die kommunikative Einbindung von Mitarbeitern in die Communicative Organization und die damit einhergehende Wertschätzung und das Vertrauen hat das Unternehmen eine gute Chance, in Bewertungsportalen besser abzuschneiden als der Wettbewerb und kann darüber hinaus weitaus schneller auf negative Beiträge reagieren.

CEO-Reputation: Bloß nicht Mainstream!

Immer noch vernachlässigen viele Unternehmen ihr Reputationsmanagement, auch wenn es inzwischen deutlich weniger sind als vor einigen Jahren. Die Covid-Pandemie hat den einen oder anderen Manager gezwungen, das Thema auf die Agenda zu nehmen. Überwiegend modellieren die CEOs ihre Reputation und die ihrer Organisationen über soziale Medien. Owned Media, also eigene Inhalte, erzielen allerdings nur bedingt hohe Glaubwürdigkeit und nachhaltige Wahrnehmung.

Grundsätzlich neigen Unternehmenslenker dazu, erst in Krisenzeiten auf ihren Ruf zu achten. Das ist grob fahrlässig, denn meist leidet in der Krise die Reputation zusätzlich. Allerdings liegt in jeder Krise eine Chance. Unterm Strich kann ein Unternehmen nach einer Krise deutlich stärker und widerstandsfähiger sein als zuvor. CEOs sollten daher Krisen und Feedback nicht fürchten, sondern selbstkritisch annehmen.

Die Unternehmensberatung Weber Shandwick hat 2019 gemeinsam mit dem Marktforschungsinstitut KRC Research 2227 Führungskräfte aus 22 Ländern zum Thema Reputation befragt und daraus die Studie „Everything Matters Now" erstellt.[31] Mit 87 Prozent ist die große Mehrheit der Ansicht, dass ihre Organisation einen guten oder sehr guten Ruf hat. Und acht von zehn Führungskräften glauben, dass das jeweilige Management einen guten Ruf genießt. Ob diese Wahrnehmung mit der Realität übereinstimmt, prüft die Studie nicht. Dafür erhebt sie, dass für eine gute Reputation eine Vielzahl von Faktoren ursächlich ist. 23 Faktoren wurden von fast allen Managern als ausschlaggebend genannt, etwa die Qualität der Produkte oder Dienstleistungen, die Kompetenz der Mitarbeiter, das Niveau der Kundenbetreuung, die Achtung der Privatsphäre von Kunden und Mitarbeitern, finanzielle Leistungsfähigkeit, Ethik und Werte, technologischer Vorsprung, Unternehmenskultur und -zweck sowie Kommunikation und Marketing.

„Die Disziplin der Unternehmensreputation ist grundlegend für den Weg ins nächste Jahrzehnt. Unsere Analyse zeigt, dass der Ruf ein wesentlicher Wettbewerbsvorteil ist in einer Welt voller Unsicherheit, unlösbaren Geschäftsherausforderungen, blitzschnellem digitalen Wandel und brutalen Talentkriegen. Die strategische Kultivierung und Aufrechterhaltung einer starken Reputation, sowohl intern als auch extern, müssen alle Führungskräfte als oberste Priorität verstehen", resümiert Leslie Gaines-Ross, Chief Reputation Strategist-in-Residence bei Weber Shandwick.[32] Die weltweit befragten CEOs sind laut der Studie außerdem der Ansicht, dass die Reputation ihres Unternehmens im Schnitt 63 Prozent des Marktwertes ihres Unternehmens ausmacht. Das weiß auch Lea Manthey, Marketingchefin des Analysedienstleisters Meltwater: „Man nimmt mittlerweile an, dass bis zu 40 Prozent des Markenwertes direkt mit der Positionierung und Reputation des Managements zusammenhängen – damit ist die aktive Steuerung dieser Kommunikation über Presse und Social Media maßgeblich am wirtschaftlichen Erfolg eines Unternehmens beteiligt."[33]

Verantwortungsbewusste Board-Manager priorisieren das Thema Reputation und sorgen für eine dauerhaft positive Wahrnehmung. Denn sie wissen: Die Reputation eines Unternehmens ist oft unmittelbar mit der des CEO verbunden. Ebenso kann der Ruf eines CEO den des Unternehmens prägen. Etwa in puncto Führung und Kultur. Gleichwohl können aber auch Umsätze wegbrechen, wenn der CEO in negativem Licht erscheint. Das erklärt, warum viele Chefs gerne mit dem Strom schwimmen und wenig eigene Positionierung wagen. Doch dann bleibt auch der Unternehmenslenker in der Wahrnehmung der Stakeholder immer nur Durchschnitt.

Als erfahrene Berater sind wir zu der Erkenntnis gelangt, dass CEOs ohne Mut zu Haltung und Positionierung für dieses Verhalten Gründe haben; häufig möchten sie auf diese Weise vorhandene Defizite verschleiern. Viele Unternehmenslenker werden nervös, wenn Pressevertreter kritische Fragen stellen oder sie in einer Keynote zu bestimmten Themen Stellung beziehen sollen. Immer noch sehr beliebt ist das „Wegducken" – es wird gerne damit erklärt, dass man sich auf die Arbeit konzentrieren wolle. Wir haben den CEOs dann empfohlen, diese Taktik dringend zu überdenken. Wer als Marktführer, relevanter Player, sympathisches Unternehmen oder Vorreiter wahrgenommen werden will, muss seinem Unternehmen ein Gesicht geben und Führungsstil, Kerncharakteristika und Kultur nach außen präsentieren und kommunizieren.

Wir leben in einer Kultur, in der man Fehler machen darf – und diese werden vergeben, wenn man ehrlich, aufrichtig und zur Korrektur bereit ist. Warum sind wohl Jack Welch, Jeff Bezos, Elon Musk und Bill Gates so prominente Vorzeigeunternehmer? Bestimmt nicht, weil sie sich verhalten wie die vielen anderen auch. Wenn man überlegt, welche CEOs herausstechen, wird man schnell merken, dass diese stets auch Haltung und Position bezogen haben. Viele von ihnen wurden öffentlich nicht nur bejubelt, sondern auch heftig kritisiert.

Führungskräfte sollten vor allem im Umgang mit kritischer Presse nicht zu dünnhäutig sein. „Das hat aber Grenzen", sagt Tanja Irion[34]. „Falsche Tatsachenbehauptungen muss kein CEO ‚ertragen' und es gibt auch ein eigenes Unternehmenspersönlichkeitsrecht über das Persönlichkeitsrecht der Personen hinaus."[35] Auch bei der in der Praxis wichtigen Verdachtsberichterstattung gelten besondere Regeln, die die Gerichte über Jahre entwickelt haben. Die Fachanwältin für Urheber- und Medienrecht weiß aus zahlreichen Beratungen und Prozessen nur zu gut, wie gefährlich eigene, schlechte Kommunikation sein kann. „Ein falsches Wort kann riesigen Schaden verursachen oder die jahrelang aufgebaute Reputation zerstören", sagt Irion[36]. Daher ist der Schulterblick eines fachkundigen Rechtsanwalts, der sich auch auf Kommunikation versteht, immer ratsam. Auch ein spezielles Training, bei dem die Führungskräfte und die Sprecher in Bezug auf sensible Aspekte geschult werden, kann präventiv vor Schäden schützen. Journalisten halten sich an einen Ethik-Kodex, sodass es auch hier klare Grenzen gibt.

Laut der Weber-Shandwick-Befragung stärkt eine gute Reputation die Organisation nicht nur in Krisen, sondern hätte diese sogar verhindern können. Von den Unternehmenslenkern, die in den zurückliegenden zwei bis drei Jahren eine Krise mit Reputationsauswirkung bewältigen mussten (vor Corona, die Studie erschien Anfang 2020), sagen drei Viertel, dass die Krise vermeidbar gewesen wäre.[37] Reputationsmanagement wird häufig mit Krisenmanagement gleichgesetzt. Dabei handelt es sich um ganz unterschiedliche Disziplinen der Unternehmenskommunikation. Reputation spiegelt wider, was andere von einer Marke oder Organisation wahrnehmen und was sie darüber denken. Das Krisenmanagement hat lediglich die Aufgabe, die Organisation bei unvorhergesehenen Vorfällen vor etwaigen Schäden zu schützen. Reputation ist auch nicht zu verwechseln mit Image. Letzteres wird pauschal mit Fokus auf ein Produkt oder eine Dienstleistung bewertet und ist stark von Eindrücken und Emotionen durch Werbemaßnahmen geprägt. Reputation schließt hingegen zahlreiche Einzelwerte mit ein, es geht um das große Ganze. Faktoren wie Werte und Purpose werden miteinbezogen ebenso wie Managementstile und Kultur.

Alle reden von ESG-Kommunikation

Die Reputation einer Organisation wird heute stark von ihrem Engagement bei den ESG-Themen geprägt. Sie erinnern sich: E wie Environmental, S wie Social und G wie Governance. Ihren Ursprung hat ESG im Finanzsektor, in dem sich Investoren darauf verständigt haben, diese Themen bei Unternehmen als Voraussetzung für ein Investment zu platzieren. Inzwischen wird unter den drei Buchstaben der gesellschaftliche Anspruch vereint. Darunter fallen zum Beispiel faire Arbeitsbedingungen, gesellschaftliches Engagement und nachhaltiges Wirtschaften mit sparsamem Verbrauch von Ressourcen. Für CCOs ist ESG die Symbiose aus Nachhaltigkeits-, Corporate-Social-Responsibility- und Compliance-Kommunikation. Dieses Zusammenspiel ist bereits substanziell für die Gewinnung von Kunden, Mitarbeitern, Geschäftspartnern und Investoren. Sie alle achten darauf – und das wird sich zuspitzen –, dass das Unternehmen in den ESG-Themen vorbildlich aufgestellt ist.

Die im November 2021 erschienene Studie „Von Haltung zu Handlung", erstellt durch das Transformationsinstitut Futurist, das Potsdam-Institut für Klimafolgenforschung (PIK) und die Unternehmensberatung Bain & Company, zeigt, wie Deutschlands CEOs ihre Unternehmen auf Nachhaltigkeitskurs bringen.[38] Ein zentrales Ergebnis der Befragung von 20 führenden CEOs ist, dass für neun von zehn Topmanagern das Thema Nachhaltigkeit in den kommenden fünf Jahren mindestens genauso wichtig sein wird wie Digitalisierung. Nahezu jeder zweite CEO hält es künftig sogar für wichtiger.

Ein weiteres Ergebnis: „Die Topmanagerinnen und -manager sehen sich angesichts des bevorstehenden Umbaus vor allem in vier Rollen: als Antreiber, Kommunikatoren, Dirigenten und Mahner. Immer mehr Vorstandsvorsitzende übernehmen selbst formal oder de facto die Verantwortung für das Thema Nachhaltigkeit. Darauf aufbauende Ziele fließen vermehrt in ihre Vergütungssysteme ein."[39] 50 Prozent der Befragten sehen Unternehmen bei der anstehenden Transformation nicht nur als Treiber, sondern auch als Getriebene. Der zunehmende Druck von Kundschaft und Belegschaft sowie von Investoren und Meinungsführern hinterlässt Spuren, heißt es im Summary.

Einer der Befragten ist Rolf Buch, CEO des Wohnungsbaukonzerns Vonovia. Er sagt: „Wir kommen in große Schwierigkeiten, wenn wir uns nicht ändern. Wir wollen unsere Licence to operate nicht verlieren."[40] Deutsche-Bank-Lenker Christian Sewing sieht sein Unternehmen sogar in der Pflicht, andere Unternehmen bei der Transformation zu einer nachhaltig orientierten Organisation zu unterstützen: „Als Finanzinstitut haben wir eine elementare Funktion, um das Thema Nachhaltigkeit voranzutreiben. Der Beratungsbedarf ist enorm. Bei jedem Termin mit einem DAX-, MDAX- oder Familienunternehmen kommt das Thema Nachhaltigkeit zur Sprache, verbunden mit der Frage, wie wir dem Unternehmen helfen können – im Sinne von Beratung, aber auch als Finanzierer der Transformation."[41]

Laut der Studie ist konsequentes Handeln bei den befragten Führungskräften angesagt. „Die Zeiten für Greenwashing sind vorbei und das ist auch gut so", meint Alexander Birken, CEO der Otto Group. „Die zunehmende Transparenz unter anderem durch Social Media deckt Schönfärberei früher oder später sowieso auf."[42] Das ist auch ein Ziel der Communicative Organization. Reines Labeling hat keine Chance, der Nukleus, also die Unternehmensführung, kommuniziert mit allen

Stakeholdern und muss strukturiertes Vorgehen und klare Visionen vermitteln sowie beständig Updates zur Entwicklung seiner Organisation geben.

Das Thema Nachhaltigkeit hat laut der Studie vielfältige Ziele. Definiert nach ESG stehen unter Environment „neben Klimaschutz Ressourceneffizienz (unter anderem bei Siemens, Daimler und Goldbeck), Plastikreduktion (zum Beispiel bei Henkel, Kaufland und Procter & Gamble) sowie der Schutz von Wasser (bei Schaeffler und Daimler) im Vordergrund". Unter dem Punkt Social „lauten die vorrangigen Ziele Verbesserung von Arbeitssicherheit und Gesundheit (zum Beispiel bei Schaeffler, thyssenkrupp und Henkel) sowie Sicherstellung von Menschenrechten entlang der globalen Wertschöpfungsketten (bei Otto Group, BASF und Telekom)". Bei Governance „geht es meist um die Erhöhung der Frauenquote auf oberen Führungsebenen (bei Siemens, Vonovia und Lufthansa) sowie die Stärkung von Diversity und Inklusion (bei Procter & Gamble, Daimler und Deutsche Bahn)"[43].

Die Herausgeber der Studie kommen zu dem Schluss: „Um die Ambitionen in puncto Nachhaltigkeit zu verfolgen und die entsprechenden Ziele zu erreichen, braucht es eine schlagkräftige Organisation und eine klare Verantwortungsstruktur für die Umsetzung. Vielerorts befindet sich die Organisation noch im Aufbau oder wird an die veränderten Rahmenbedingungen angepasst."[44] Das erfolgt, wie bei vielen anderen Unternehmen, meist in Form von Schwarmorganisationen. Für die Disruption zu einer Communicative Organization, die auch anderen gesellschaftlichen Herausforderungen wie Digitalisierung, Globalisierung und Fachkräftemangel begegnen kann, braucht es mehr Mut und Konsequenz.

Konsequent Position beziehen

Mit dem Schwerpunkt „Nachhaltigkeit" allein sind Unternehmen jedoch noch nicht optimal aufgestellt. Die Kommunikation muss alle Stakeholder erreichen und fortlaufend wirken. Diese Zielsetzung entspricht exakt der Communicative Organization. Sämtliche Stakeholder erwarten heute, dass CEOs Position beziehen und ihre Engagements aktiv kommunizieren. Zu diesem Ergebnis kommt auch die „Authenticity Gap Studie 2021"[45] der Kommunikationsagentur Fleishman Hillard, für die mehr als 10 000 Konsumenten weltweit befragt wurden. 66 Prozent von ihnen sind der Ansicht, dass CEOs zu Umweltthemen und politischen Veränderungen aktiv Stellung beziehen sollten. Hanning Kempe, CEO von FleishmanHillard Deutschland, rät: „Angesichts der zunehmenden Polarisierung der öffentlichen Debatte sollten sich Unternehmen über die Bedeutung ihrer gesellschaftlichen Rolle und Verantwortung als einen wesentlichen Treiber ihres Geschäftserfolges klar werden. Der kritische Dialog mit allen Stakeholdern über deren Erwartungen ist dabei von entscheidender Bedeutung."[46]

Eine glaubwürdige ESG-Kommunikation wird von allen Stakeholdern gefordert. Der Klimawandel ist neben der Pandemie eines der bewegendsten Themen und das über alle Gesellschaftsschichten hinweg. Doch manchmal werden diese wichtigen Themen in den Organisationen nicht umgesetzt, es bleibt bei Plänen, Ankündigungen und Versprechen. Hier zeigt sich: Gewollt ist noch lange nicht gekonnt. Was letztlich zählt, sind echte Taten. Wer hier nichts kommunizieren kann, wird schnell mit dem Vorwurf des Greenwashings oder Labelings abgestraft. Glaubwürdig wird eine Organisation erst dann, wenn sie ihre Nachhaltigkeitsstrategie mit der Unternehmensstrategie vereint und quasi gleichstellt.

Auf die Frage, ob alle Nachhaltigkeitsprojekte wirtschaftlich sind, antwortete Martin Brudermüller von BASF: „Natürlich nicht. Es gibt auf der Hand liegende Schritte, no regret moves, die lassen sich direkt umsetzen und rechnen sich. Aber es gibt auch Projekte jenseits von Gut und Böse, bei denen sich die Investitionen niemals amortisieren."[47] Die Frage nach der Wirtschaftlichkeit muss aber auch anders gestellt werden. Was ist, wenn Unternehmen nicht nachhaltig werden? Die Antwort geben die Kunden: Sie wenden sich ab und die Unternehmen verlieren ihre „Licence to operate".

Medien bringen Glaubwürdigkeit

Ein professionelles Reputationsmanagement setzt in puncto öffentliche Wahrnehmung nicht nur auf die eigene Kommunikation, sondern vor allem auf unabhängige Informationsvermittlung. Wir nennen das „Quality Content" und meinen damit vor allem die Berichterstattung in unabhängigen Medien. Wenn namhafte Medien Nachhaltigkeitsinitiativen von Unternehmen positiv bewerten, ist der Greenwashing-Vorwurf kein Thema mehr, stattdessen wird das Unternehmen mit

Glaubwürdigkeit, Vertrauen und Sympathie assoziiert. Das zeigt, wie unverzichtbar solche Artikel sind. Wer nur über sich selbst spricht und anderen keine Chance gibt, ihre Einschätzung zu verbreiten, hat vermutlich ein Ego-Problem, etwas zu verbergen oder Angst, nicht „Everbody's Darling“ zu sein. In der Communicative Organization ist das ein Tabu. Die gelebte Transparenz und das Ziel, sämtliche Stakeholder serviceorientiert zu bedienen, schließen auch Journalisten ein.

Scheinbar haben viele Unternehmen das Vertrauen in Medienvertreter verloren. Die Fronten sind verhärtet. Manchmal werden Journalisten sogar als „Spione, die nur Negatives aufdecken wollen“ bezeichnet. Diese Formulierung haben wir selbst von einem CEO gehört. Ein anderer berichtete von schlaflosen Nächten, weil er sich nach einem Interview mit einer großen Zeitung um das Ergebnis sorgte. Solche Emotionen und Auffassungen sind fatal und zeugen von großer Ahnungslosigkeit. Mit dieser Denke muss Schluss sein. Marco Cabras, Gründer der Agentur Newskontor weiß: „Die Abblock- und Wegduck-Mentalität, die von einigen PR-Profis immer noch praktiziert wird, gehört aufs Abstellgleis. Mehr Transparenz wagen – lautet die Devise der heutigen Zeit. Und das in allerbestem Eigeninteresse, denn jedes Stück mehr Transparenz zahlt direkt auf die eigenen Haltungs- und Purpose-Ziele ein.“[48]

Journalisten haben eine Sorgfaltspflicht. Und sie halten sich an Richtlinien wie den Pressekodex des Deutschen Presserats oder den Ethik-Kodex des Deutschen Fachjournalisten-Verbands. Wir sollten ihnen nicht unterstellen, dass sie in allem nur das Schlechte suchen, sondern uns ihren Auftrag als Vertreter der Öffentlichkeit ins Gedächtnis rufen. Wir haben in unserer Zeit als Kommunikatoren immer wieder die Erfahrung gemacht, dass Journalisten, denen eine Organisation mit Offenheit, Vertrauen und Respekt begegnet, fair und objektiv berichten. So lassen sich auch belastbare Kontakte zu Medienvertretern aufbauen, die extrem wertvoll für Organisationen sein können. Auf der anderen Seite ist es absolut toxisch, wenn sich beide Parteien feindlich gegenüberstehen und auch so miteinander umgehen. Als ehemalige Journalisten und Chefredakteure kennen wir diese Situation aus eigener Erfahrung.

Pressesprecher sollten sich die Sorgfaltspflicht der Journalisten vergegenwärtigen und, statt zu mauern, ihnen die Möglichkeit geben, ihre Arbeit entsprechend gut und richtig zu erledigen. Und mehr noch: Sie sollten sie durch die Weitergabe von Informationen und das Gewähren von Einblicken ins Innere des Unternehmens dabei unterstützen. Wenn die Beiträge in den Medien eine verzerrte Wahrnehmung widerspiegeln, ist das nicht nur das Ergebnis der journalistischen Berichterstattung, sondern auch der Informationspolitik der Organisation. Natürlich möchten CCOs und Unternehmenslenker Betriebsgeheimnisse und die ein oder andere Schwachstelle in der Organisation nicht in der Presse ausgeschlachtet sehen, aber das ist eigentlich auch nicht die Ambition von Journalisten.

Roman Pletter, Ressortleiter Wirtschaft bei der „ZEIT", schreibt im Mitgliederblatt des Kommunikationsverbands BdKom: „Wir Journalistinnen und Journalisten sind nicht Ihre Gegner, wir sind auch nicht Ihre Freunde. Wir sind Fremde, die sich für das interessieren, was Unternehmen tun und was Ihre Macht im Guten wie im Schlechten bedeutet. Sicher liegen wir mit unseren Einschätzungen manchmal auch daneben. Damit das möglichst selten passiert, brauchen wir Journalistinnen und Journalisten Sie in den Kommunikationsabteilungen als Übersetzer und als Brückenbauer."[49]

Mit etwas mehr Vertrauen in der Zusammenarbeit der Pressesprecher und Journalisten entstünde am Ende für alle eine Win-win-Situation. Wenn Pressesprecher die Medienvertreter mit relevanten Informationen und ehrlichen, offenen Antworten versorgen, wird es weniger Fehler und Mutmaßungen in der Berichterstattung geben. Und wenn beide Seiten etwas Verständnis und Empathie für die professionelle Beziehung aufbringen, kann eine großartige Zusammenarbeit entstehen – mit Vorteilen für alle Beteiligten. Die hält dann auch mal eine kritische Berichterstattung aus oder ein Schweigen des Unternehmenssprechers.

Newskontor-Chef Cabras mahnt: „Wer gefragter Ansprechpartner für Medien und Journalisten werden oder bleiben will, der muss sich auf deren Tempo und Anforderungen einlassen. Die Zersplitterung des Medienmarktes und die Möglichkeit, 24/7 zu publizieren, hat die Reaktionsgeschwindigkeit für Kommunikationsabteilungen drastisch erhöht. War es früher ganz normal, mehrere Tage für eine Antwort auf eine Anfrage zu benötigen, so ist das heute der K.o. Hier ist eine grundlegende Anpassung der eigenen Arbeit erforderlich."[50]

Unabhängige Medien bilden in der Galaxie der heute verfügbaren Kommunikationskanäle die Infrastruktur des Vertrauensaufbaus. Kommunikatoren sollten Medienvertretern daher mit Respekt begegnen und sie in ihrer Arbeit unterstützen, statt zu blockieren. Wichtig ist auch eine Regel, die im Kommunikationskodex festgeschrieben steht: „PR- und Kommunikationsfachleute respektieren die Trennung redaktioneller und werblicher Inhalte und betreiben keine Schleichwerbung." In der Praxis, so unsere Beobachtung, scheint dieser Grundsatz oftmals ignoriert zu werden. In manchen Organisationen geht es sogar so weit, dass PR-Referenten um ihren Job bangen müssen, wenn sie sich an den Kodex halten. Sie bekommen die klare Anweisung dafür zu sorgen, dass das Unternehmen ausschließlich vorteilhaft präsentiert wird – egal welche Mittel und Maßnahmen dazu notwendig sind. Einige Kommunikationsverantwortliche messen daran ihren eigenen Erfolg. „Wer beim Wahrnehmungsmanagement allein auf Owned Media und das Sicherheitsnetz von Freigabeschleifen setzt und nicht bereit zum kritischen Dialog ist, dem droht die Entwöhnung von Kritikfähigkeit und der Verlust von Relevanz. Reputation und insbesondere Vertrauen werden leiden – in der internen wie externen Öffentlichkeit", erklärt Bernd Engelien, Chief Communications Officer der Zurich Gruppe Deutschland.[51]

Es gibt Kommunikatoren, die auch vor Drohungen nicht zurückschrecken, um negative Presse zu vermeiden. Das haben wir als investigative Journalisten und Verleger mehrfach erlebt. Ein mächtiger Verband zum Beispiel wies alle Mitgliedsunternehmen an, nicht mehr mit uns zu sprechen, weil wir einen wunden Punkt aufgedeckt hatten. Vertraute Pressesprecher spielten uns damals das Schreiben mit der Weisung zu. Der Verband ging noch einen Schritt weiter und sandte die Botschaft, dass niemand mehr in unseren Medien werben würde, wenn wir das Thema noch einmal in unserer Berichterstattung aufgreifen. Das hätte unter Umständen unsere Insolvenz bedeutet. Wir ließen es darauf ankommen und haben, statt zu kapitulieren, die Massenmedien ins Boot geholt. Sofort gewann das Thema an Brisanz, Verbreitung und Wahrnehmung. Wir waren David im Kampf gegen Goliath und haben Ehre und Würde des unabhängigen Journalismus und damit einen der wichtigsten Pfeiler der Demokratie verteidigt. Der Presseverantwortliche des Verbands wurde übrigens wenige Wochen später auf eine Back-Office-Position versetzt.

Krisen nicht sinnlos verstreichen lassen

Empathische Kommunikation kann direkt Vorteile bringen und ist in der Communicative Organization gelebte Kultur. Sie vermittelt Menschlichkeit, Verständnis und verbindet. Dazu müssen die Verantwortlichen die Bedürfnisse und

Ansprüche sämtlicher Stakeholder genau kennen und das Ziel haben, diese bestmöglich zu bedienen. Wenn Menschen Empathie von einem Unternehmen empfinden, vertrauen sie ihm, verzeihen ihm eher und setzen sich sogar für dieses ein. Sogar Journalisten. So gelingt Reputationsmanagement auf hohem Niveau.

Während die Reputation ein Dauerthema ist, tauchen Krisen nur temporär auf. Meist kommen sie ohne Ankündigung und erfordern unmittelbares Handeln des Kommunikators. Umso wichtiger, dass er vorbereitet ist! Ein Krisenplan und ein entsprechendes Handbuch gehören zum Standard, darüber hinaus können mögliche Krisenszenarien und entsprechende Handlungsempfehlungen extrem hilfreich sein. Durch die stringente Vernetzung ist das Krisenteam der Communicative Organization schneller als jeder Wettbewerber handlungsfähig. Dieser Vorteil ist besonders in schwierigen Situationen entscheidend.

Krisenkommunikation gehört zu den Königsdisziplinen, denn jede Aussage muss präzise passen. Eine falsche Aussage kann katastrophale Auswirkungen haben, wie schon der Fall „Deepwater Horizon" zeigte. Ein weiteres Beispiel: Als wir einen Bankmanager bei einem Interview begleiteten, sprach er unter anderem über Verluste von Privatanlegern und sagte: „Ach, die paar Milliönchen sind doch nicht schlimm." Natürlich haben wir sofort reagiert. Wir haben seine übrigen Statements so eingeordnet, dass deutlich wurde, wie bewusst ihm die katastrophale Situation der betroffenen Sparer natürlich war. Und wir haben dafür gesorgt, dass der Journalist das Zitat nicht veröffentlichte. Mehrfach haben wir selbst als Journalisten in Interviews unglaubliche Statements gehört: „Die nächste Kündigungswelle ist schon geplant" oder „Der Mehrheitsaktionär ist pleite" sind nur zwei Beispiele von vielen. Das Kuriose: Der Kommunikator, der dem CEO bei diesen Gesprächen zur Seite stand, hat nicht eingegriffen, sondern die Aussagen unzensiert genehmigt. Nicht jeder Kommunikator hat eben die Qualitäten des Chief Communications Officers. Und so manche Unternehmenslenker verlieren die Orientierung in Interviews, wenn sie diese nicht mit dem Kommunikationsverantwortlichen sorgfältig vorbereiten.

Auch regulatorische Vorgaben führen zu Kommunikations-GAUs. Die Europäische Zentralbank hat im Mai 2015 einen Fauxpas begangen, der sogar rechtlich relevant war. In kleinem Rahmen hatte das damalige Direktoriumsmitglied Benoît Cœuré vor Investoren kursbewegende Details zum Anleihenkauf-Programm genannt und seine Zuhörer damit zu Insidern gemacht. Denn die Öffentlichkeit wurde erst Tage später darüber informiert. Besonders peinlich ist, dass der EZB schon einige Jahre zuvor ein ähnlicher Schnitzer unterlaufen wäre, wenn ein Referent nicht darauf bestanden hätte, dass die Presse bei seinem Vortrag zugegen war und so die Öffentlichkeit und nicht nur ein elitärer Kreis informiert wurde.

Sogar Konzernen mit vermeintlichen Spitzen-Kommunikatoren passieren Fehler. 2017 schickte Adidas an 26 496 Absolventen des Boston-Marathons eine E-Mail mit dem Betreff „Glückwunsch, Sie haben den Boston-Marathon überlebt!" Der Sender hatte nicht im Blick, dass zwei Jahre zuvor drei Teilnehmer des Marathons bei einem Terroranschlag ums Leben gekommen waren und viele Läufer verletzt wurden. Immerhin folgte prompt eine Entschuldigung. Die Beispiele belegen: Fehler passieren. Und Stakeholder verzeihen. Kommunikation ist menschlich. Das sollten wir uns stets vor Augen halten. Und wenn mal etwas schiefläuft, kann man wie bei Adidas mit einer ehrlichen Entschuldigung vieles wieder geraderücken.

Die erfolgreiche und zukunftsgerichtete Organisation braucht insbesondere in Krisenzeiten nicht nur einen vorausschauenden Strategen, sondern vor allem jemanden, der Kunden und Mitarbeiter, Investoren und Geschäftspartner sowie die Vertreter von Medien kennt, sie versteht und zuhören kann. Und dieser Jemand braucht neben seinen vielen Kernkompetenzen auch ein gutes Bauchgefühl sowie die Gabe der Empathie. Der CCO spricht die jeweilige Sprache unterschiedlicher Stakeholder. Er kann Visionen aufzeigen und dorthin führen. Das ist in Krisen besonders wertvoll und führt zu Verständnis und Vertrauen.

Lügen ist tabu!

Ein absolutes Tabu ist – so groß die Krise auch sein mag – das Lügen. Dazu Martin Zimmermann: „Wer einmal lügt, dem glaubt man nicht. Ehrlichkeit schafft Vertrauen und ein Goodwill-Polster für Krisen." Ebenso „sollten sich Verantwortliche im Krisenfall nicht abschotten. Wo Informationen fehlen, wachsen Gerüchte"[52], warnt der Kommunikationsprofi. Die Empfehlungen von Zimmermann verdeutlichen, dass die Communicative Organization mit ihrem Transparenzanspruch und der Möglichkeit, umgehend zu agieren, eine ideale Lösung auch in Krisenzeiten darstellt. Professionelle Kommunikatoren sind mit dem „Kommunikationskodex" vertraut. Dort steht schwarz auf weiß: „PR- und Kommunikationsfachleute verbreiten keine falschen und irreführenden Informationen."

Eine Berufsfeldstudie des BdKom (Bundesverband der Kommunikatoren) und der Quadriga Hochschule in Berlin hat ergeben, dass 82 Prozent der befragten Kommunikationsprofis Earned Media, also Berichterstattung über unabhängige Medien, für besonders geeignet zum Vertrauensaufbau halten.[53] René Seidenglanz, Präsident der Quadriga Hochschule und Professor für Kommunikationsmanagement, leitet seit 2005 die Studie und resümiert: „Vertrauen und Glaubwürdigkeit sind in Zeiten zunehmender Polarisierung, aber auch von Beschleunigung und Austauschbarkeit von Produkten und Positionen mehr denn je ein Zielwert erfolgreicher Kommunikationspolitik." Und: „Die Mediennutzungsforschung hat gezeigt, dass Leser, Zuschauer und User Quellen und Inhalte dann als besonders glaubwürdig erachten, wenn deren Auswahl nach redaktionellen Kriterien erfolgt, also von Interessen der thematisierten Organisation unabhängig ist."[54]

Der Journalist kann in einer Krise sogar eine Hilfe sein. Wenn eine Organisation eine breite Öffentlichkeit über einen Vorfall informieren oder ihn einordnen möchte, geschieht das am verlässlichsten über unabhängige Medien. Auch Entschuldigungen erreichen so eine breite Zielgruppe. Manche Organisationen informieren ihre Stakeholder in Krisensituationen in Form eines offenen Briefes in den großen Medien. Diese honorieren das allerdings selten. Wer mit einer Organisation in direktem Kontakt ist, möchte keine Entschuldigung oder Erklärung aus der Zeitung. In der Communicative Organization geht es genau darum: mit Stakeholdern in direktem Dialog zu stehen und krisenfeste Beziehungen aufzubauen. Jede Krise bringt Erfahrungswerte und Inspirationen für Verbesserungen mit sich. Es gilt, den Fokus darauf zu richten und keine Krise ungenutzt zu lassen.

CEO-Wechsel als kommunikative Herausforderung

In besonderen Situationen ist der Kommunikator sogar der wichtigste Mitarbeiter einer Organisation. Die Chief Executive Group Community, eine Vereinigung, die über Plattformen nach eigenen Angaben 95 Prozent aller US-amerikanischen

CEOs informiert, kommt zu dem Ergebnis, dass der Chief Communications Officer der wichtigste Entscheider im Unternehmen ist, wenn es um einen Wechsel an der Spitze geht. „Der CCO spielt dabei die entscheidende Rolle. Er muss einen reibungslosen Übergang sicherstellen, die Stakeholder überzeugen, dass die Vision des künftigen CEO mit der internen Unternehmenskultur übereinstimmt. Der CCO hat die Aufgabe, den Ruf und das Vermächtnis des scheidenden CEOs zu schützen und gleichzeitig die Akzeptanz des neuen zu gewährleisten", heißt es in einem Bericht der Community. „Vor allem die Positionierung des neuen CEO erfordert Geschick und Erfahrung. Den ersten Eindruck gibt es nur einmal. Und: Vertrauen verliert man nur einmal."[55]

Oft begleitet der Kommunikator einen scheidenden CEO zu seiner neuen Wirkungsstätte. Ebenso häufig kommt es vor, dass nach einem CEO-Wechsel der Kommunikationsverantwortliche ausgetauscht wird. Der dadurch entstehende Know-how-Verlust für das Unternehmen wird häufig unterschätzt und schadet der Organisation massiv. Daher empfehlen viele Executive-Berater, dass zunächst eine Zusammenarbeit ernsthaft geprüft werden sollte; vielleicht besteht ja doch die Option, dass neues Vertrauen wachsen kann. Bei Wechseln wird schnell ersichtlich, wie eng die Zusammenarbeit zwischen CEO und CCO in der Praxis manchmal ist. Auch deswegen sind eine gewisse Unabhängigkeit und die Konzentration auf die Organisation ratsam, die über eine Board-Mitgliedschaft und damit die Aufsicht durch den Aufsichtsrat gewährleistet werden kann.

Bei CEO-Wechseln kommt es auf das Geschick des Kommunikators an, ein durchdachtes Reputationsmanagement zu führen, bei dem alle Beteiligten gewinnen. Diese Fähigkeit ist eine entscheidende Qualifikation des Kommunikationsverantwortlichen.

Sprecher müssen sprechen können

Wer in den sozialen Medien erfolgreich sein will, muss vor allem schnell agieren. Die CINCO ermöglicht ein Tempo, das jede andere Organisation abhängt. Und nicht nur Sprecher dürfen kommunizieren, sondern alle Mitarbeiter. Doch in vielen Kommunikationsabteilungen ist das Tempo überhaupt kein Thema. Manchmal dürfen Kommunikationsverantwortliche sich erst dann äußern, wenn sie ihre Statements und Antworten auf Anfragen mit der Geschäftsführung, der Rechtsabteilung oder dem Head Office abgestimmt haben. Das kostet nicht nur wertvolle Zeit, sondern kommt praktisch einer Entmündigung des Unternehmenssprechers gleich und verhindert professionelle Kommunikation. Ein Kommunikationsverantwortlicher, der in seinen Möglichkeiten so eingeschränkt ist, wird wohl kaum ein gesuchter Gesprächspartner für Journalisten und andere Kontakte sein.

Pressesprecher disqualifizieren sich selbst, wenn sie sich ihre Berechtigung zur Repräsentanz des Unternehmens aus der Hand nehmen lassen. Und sie machen Journalisten das Leben schwer. Etwa wenn diese kurz anrufen, um eine Information zu bekommen, und als Antwort hören: „Können Sie bitte eine E-Mail schreiben?" Was läuft schief bei diesen Kommunikatoren? Die Möglichkeit, eine E-Mail zu schreiben, hatte er auch vorher, hat sich aber aus wohl triftigem Grund dagegen entschieden. Auch in den Redaktionen ist der Erfolgsdruck massiv gestiegen; Inhalte müssen oft mehrfach verwertet werden, da bleibt immer weniger Zeit für Recherche und Abstimmung. Der FAZ-Redakteur Reinhard Bingener postete nach einem solchen Erlebnis auf Twitter: „Leute, das nervt! Ihr seid Pressesprecher!"

In Zeiten, in denen wir von Stakeholder-Value sprechen, ist so ein Vorgehen ein Unding. Kommunikatoren sollten sich gegen diese Form der Bevormundung wehren. Sie haben schließlich eine besondere Qualifikation, für ein Unternehmen zu sprechen. Manager, die ihren Pressesprechern nicht zutrauen, Anfragen von Journalisten direkt zu beantworten, sollten über eine Neubesetzung der Stelle nachdenken – auch über die ihrer eigenen sowie ihre Befähigung, ein Leader zu sein. In der Communicative Organization ist der Kommunikationsverantwortliche jederzeit in der Lage, Anfragen zu beantworten. Schnell, direkt und über jeden Kanal. Um jederzeit up to date zu sein, kommt es auf ein professionelles Listening an. Die CINCO liefert den passenden Content und der Kommunikator kann Journalisten mit Inhalten überraschen, die jeden Newsroom in den Schatten stellen. Wie alle Stakeholder stehen auch Journalisten im Zentrum des Handelns einer Communicative Organization. Die Transparenz der Organisation wird sie verblüffen und kritische Nachfragen dürften sich nach und nach reduzieren. Denn die Communicative Organization trumpft mit vielen Vorteilen auf – vorausgesetzt, das C-Level besitzt den Mut dafür.

Mitarbeiter sind die besten Influencer

Früher wurde es von Unternehmen nicht so gerne gesehen, wenn Mitarbeiter sich nach außen über ihren Arbeitgeber oder Erlebnisse bei der Arbeit geäußert haben. Der CCO von heute denkt anders. Er sieht die Mitarbeiter als die besten Influencer und befähigt sie zur aktiven Kommunikation, Stichwort: Employee Advocats. Der CCO schenkt den Mitarbeitern Vertrauen und motiviert sie. Und er unterstützt sie mit der CINCO. Das gilt vor allem für die Kommunikation über soziale Medien. Fast jeder Mitarbeiter kommuniziert heute in irgendeiner Art und Weise auf LinkedIn, Facebook, Instagram, Twitter, TikTok und Co über Corporate-Themen, berufliche Aufgaben und Erfolge sowie über persönliche Erfahrungen mit dem Arbeitgeber. Auf diese Weise wird praktisch jeder Mitarbeiter zum Unternehmenssprecher.

Mitarbeiter sind ideale Botschafter, ihre Ausführungen werden als extrem glaubwürdig und ehrlich wahrgenommen. Sie haben beste Voraussetzungen, das Vertrauen aller Stakeholder zu generieren und zu schützen. Umso wichtiger ist es, dass ihre Themen positiv belegt sind und auf die Ziele der Organisation einzahlen. Und dass die Tonality stimmt. Weitsichtige CCOs machen sich die Kommunikationsbereitschaft der Mitarbeiter zunutze. Ein Vorteil von Influencern aus dem eigenen Hause ist eine authentische und empathische Kommunikation zum Arbeitsumfeld. Mit einer klaren Positionierung und einem hohen Engagement sind solche Botschaften für das Employer Branding und das Recruiting neuer Kollegen von unschätzbarem Wert.

Kommunikation über Mitarbeiter birgt allerdings auch Gefahren. Denn ein Post, ein Kommentar oder eine Nachricht wird meistens ohne eine vorherige Absprache mit – oder zumindest Kenntnisnahme durch – Unternehmenskommunikation oder Management veröffentlich und kann sich auch negativ auswirken – zum Beispiel wenn der Inhalt sich gegen das Unternehmen richtet oder falsche Tatsachen behauptet werden. Unklare Aussagen oder Statements können schnell zum Problem werden und die Glaubwürdigkeit des Unternehmens und seiner Kommunikation tangieren. Aus diesem Grund sollte der Mitarbeiter seine Inhalte checken lassen oder aus der CINCO nehmen, das Angebot ist umfassend und vielfältig. Bevor die Themen dort eingespeist werden, werden sie auf ihre Richtigkeit geprüft. Damit schützt der Chief Communications Officer alle, die in sozialen Netzwerken Posts absetzen, und gleichzeitig die Organisation.

Mitarbeiter streben oft danach, sich als Influencer mit positiven Inhalten und Botschaften für ihren Arbeitgeber einzusetzen. Der Kommunikator muss dafür sorgen, dass Corporate Influencer korrekte und relevante Informationen haben. Das geschieht in der Praxis häufig über Advocacy-Plattformen. Dabei geht es nicht um die absolute Kontrolle, sondern um eine Orientierungshilfe für Mitarbeiter. Hanna Traber, Verantwortliche für die Onlinekommunikation des Schweizer FinTech-Unternehmens SIX, berichtet: „Durch Mikro-Influencer aus dem eigenen Hause stärken wir das Vertrauen in unsere Marke und unsere Kultur – den SIX Spirit." Sie setzt mit ihrem Team auf das Angebot von Hootsuite Amplify und berichtet von einer erfreulichen Tendenz: „Es braucht Zeit, Mitarbeiter von Employee Advocacy zu überzeugen. Der Aufwand lohnt sich jedoch. Wir sehen nach zwei Jahren intensiver Arbeit eine sehr positive Entwicklung, die uns in unserem Vorhaben bestätigt hat."[56] Von 2018 bis 2020 hat sich die Zahl der Mitarbeiter-Posts um 60 Prozent erhöht, deren Reichweiten wurden vervielfacht und SIX gewann 14 000 neue Follower im LinkedIn-Netzwerk, berichtet Traber. Der Erfolg von Advocacy-Plattformen unterstreicht die Wirkung der CINCO.

Advocacy-Plattformen werden überflüssig

Siemens hat mit Merkle, einer Schweizer Full-Service-Agentur mit Fokus auf Customer-Experience-Transformation, die eigene Plattform „Ingenuity" als „revolutionäres Content-Drehkreuz" entwickelt. Damit erstellen die Siemens-Mitarbeiter relevante Inhalte, zum Beispiel Expertenartikel oder persönliche Meinungsbeiträge. Zur leichteren Verarbeitung gibt es strukturierte Templates. Gleichzeitig fördert die interaktive Plattform den Austausch der Community mit den Autoren über aktuelle Thought-Leadership-Themen. Über das Format Coffee Mug können die Siemens-Mitarbeiter dann mithilfe Künstlicher Intelligenz Informationen aus Ingenuity abrufen, die für sie und ihre Arbeit interessant sind. Damit kommt Siemens der CINCO deutlich näher als reine Advocacy-Plattformen und vernetzt Mitarbeiter aus unterschiedlichen Bereichen. Allerdings geht Ingenuity nicht in die Tiefe und befähigt nicht sämtliche Mitarbeiter zur Kommunikation. Zwar vereint Siemens Newsroom und Advocacy-Plattform, integriert Monitoring und Künstliche Intelligenz, doch sie laufen parallel zu den tradierten Führungsprozessen des Konzerns. Der Weg aber stimmt.

In der Communicative Organization sind Advocacy-Plattformen überflüssig. Die CINCO hat diese Plattformen längst integriert und vor allem optimiert. Die Mitarbeiter bekommen alle für sie relevanten Statements und Themen. Indem diese zentrale Wissensplattform alle Mitarbeiter einer Communicative Organization zur Kommunikation befähigt, erübrigen sich spezielle Tools für Social-Media-Kanäle. Der Vorteil: Mitarbeiter müssen nicht mit unterschiedlichen Softwareprogrammen arbeiten und Unternehmen brauchen deutlich weniger Dienstleister. Das spart Kosten und erhöht die Effizienz. Schon Henry Ford, Gründer des Automobilkonzerns Ford Motors, wusste zu einer Zeit, in der Social-Media-Kommunikation nicht einmal ansatzweise vorstellbar war, dass Zusammenhalt und gemeinsames Wirken maßgeblich auf den Unternehmenserfolg einzahlen: „Wenn alle gemeinsam vorankommen, dann sorgt der Erfolg für sich“, so sein Credo.

> „Wenn alle gemeinsam vorankommen, dann sorgt der Erfolg für sich.“
>
> *Henry Ford - Gründer der Ford Motor Company*

Wie erfolgreich Unternehmen mit Social-Media-Kommunikation sind, hängt von vielen Faktoren ab. Leider haben die wenigsten eine klare Strategie, oftmals nicht einmal konkrete Ziele für die Kommunikation über soziale Netzwerke. Einige Branchen haben es leichter, etwa die Automobilbranche, die nur schicke Bilder eines neuen Modells verbreiten muss, um dessen Bekanntheit und Wahrnehmung zu erhöhen. Oder die Tourismusbranche, die mit wunderschönen Stränden und idyllischer Natur unser Fernweh weckt. Schwieriger ist es zum Beispiel für Finanzunternehmen oder Maschinenbauer, die über ihre Bilderwelt kaum solch starke Emotionen auslösen. Dennoch ist Social Media für alle Marketers ein Segen. Noch nie konnte Werbung so gezielt platziert werden, noch nie konnten so viele Daten generiert werden und noch nie war der Dialog so lebendig.

In der Unternehmenskommunikation schwimmen viele Unternehmen ohne Strategie einfach mit dem Strom und freuen sich über Follower, Likes und Shares, ohne diese qualitativ und nach Zielkriterien einzuordnen. Auch thematisch haben die meisten Unternehmen keine klare Linie, sondern posten, was ihnen gerade einfällt – eine Auszeichnung für ein Produkt, ein Bild vom Strategiemeeting, Auszubildende beim Start im Unternehmen, Spendenprojekte, Mitarbeiteraktionen … Vor allem sind sie dabei, wenn es um gesellschaftliche Themen wie Klimawandel, Diversität oder Female Leadership geht.

Der Chief Communications Officer ist gefordert, eine verständliche und nachvollziehbare Strategie zu entwickeln, auf die in der Communicative Organization alle Mitarbeiter Zugriff haben und an der sie sich orientieren können. Es geht bei dieser Strategie beispielsweise darum, die Bekanntheit und Wahrnehmung zu steigern, den Umsatz zu erhöhen, Vertrauen zu generieren, die Reputation zu verbessern, Unternehmen und Management zu positionieren, Motivation zu pushen und vieles mehr. Nicht nur in puncto Positionierung sind soziale Netzwerke ideale Kommunikationskanäle. Über ihre Reichweiten können zum Beispiel Mitarbeiter in anderen Ländern Informationen direkt vom CEO beziehen. CEOs sprechen gerne öffentlich Anerkennung und Lob für Mitarbeiter aus und tragen so zum positiven Image als Arbeitgeber bei. Dieses Lob öffentlich sichtbar zu machen, dient nebenher auch einer guten Reputation.

Ein weiterer wichtiger Grund für aktive Social-Media-Kommunikation ist die Erreichbarkeit in einer Krise. Gerade dann wird von Topmanagern erwartet, dass sie Vorfälle rasch erklären, sich gegebenenfalls entschuldigen und eine Lösung präsentieren. In einem unserer Mandate waren Kunden von einer Krise derart stark betroffen, dass selbst Hotlines und zusätzliche Callcenter-Kapazitäten die Masse an Anfragen nicht mehr stemmen konnten. Die Kunden wählten schließlich den Weg über Facebook und Co. Das allerdings sollten Organisationen unbedingt zu vermeiden suchen und deshalb bei der Neuausrichtung ihrer Kommunikation auf ausreichend Dialogfähigkeit achten. Schließlich will keiner seine Fehler und Probleme sowie den damit verbundenen Ärger von Kunden und anderen Stakeholdern öffentlich präsentiert sehen. So würden sich positive Effekte auf die Reputation schnell ins Negative drehen und die Organisation erlitte einen deutlich größeren Schaden.

Nicht nur bei Krisen im Unternehmen kann Social Media ein geeigneter Kommunikationskanal sein, sondern auch bei gesellschaftlichen Problemen oder ökonomischen Herausforderungen. Zahlreiche Unternehmen haben über ihre CEOs die Covid-19-Pandemie einordnen lassen und ihren Mitarbeitern so wichtige Orientierung gegeben. Einfluss haben die CEOs mit ihren Posts natürlich auch bei Themen wie Diversity oder Female Leadership und können Entwicklungen beflügeln oder ausbremsen – je nachdem.

Messbare Ziele geben Orientierung

Ihre Zielerreichung können Kommunikatoren gut mit Key-Performance-Indicators (KPI) messen und steuern. Allerdings sind einige vermeintlich wichtige Leistungskennzahlen nicht geeignet, um den nachhaltigen Erfolg zu dokumentieren. Sie werden daher im Jargon „Vanity-Metriken" genannt. Reine Follower-Zahlen belegen zum Beispiel nicht, dass die Botschaften wahrgenommen werden, oftmals peppen Bots das Ergebnis künstlich auf. Ein durchdachtes Monitoring in Kombination mit Sentiment-Messungen und Themen-Identifikation bildet eine wichtige Grundlage für Maßnahmen der Corporate Communications. Nicht immer messbar sind Spill-Over-Effekte, also etwa Medienberichte, die aufgrund von Posts entstanden sind. Manchmal nehmen die Journalisten Bezug auf die Posts, jedoch nicht immer. Viele Kommunikatoren wollen Journalisten mit ihren Posts zu einer Berichterstattung über ihr Thema anregen. Entscheidend für den Erfolg von Social-Media-Kommunikation sind deshalb die Relevanz der Themen sowie deren kreative Aufbereitung. Die reine Selbstinszenierung und -modellierung mancher Organisationen nervt die User. „Business-Bullshit ist nicht neu, aber setzt auf LinkedIn gerade neue Maßstäbe", schreibt das Fachmagazin t3n im Oktober 2021 in einem Bericht über die Gen Z, die auf dem Instagram-Account „LinkedIn Flexes" Selbstdarsteller auf smarte Art und Weise parodiert.[57]

In der Novemberausgabe 2021 des „Harvard Business Manager" wurde eine Grafik mit den beliebtesten B2B-Plattformen veröffentlicht. LinkedIn führt das Feld in Deutschland mit 80 Prozent an, gefolgt von Facebook mit 68 und Xing mit 62 Prozent. YouTube und Instagram rangieren knapp über 50 Prozent. LinkedIn ist bekanntlich die beliebteste Businessplattform und wird von vielen Kommunikatoren effizient und wirksam für die Kommunikation genutzt. Neben den Selbstdarstellungen einzelner drohen dort jedoch weitere Gefahren, beispielsweise durch das Posten von banalem Content. Kommunikatoren sollten sich fragen, ob sie diesen Ort des gepflegten Diskurses zerstören wollen. Die meisten Nutzer haben jedoch verstanden, dass LinkedIn eine Plattform mit einem freundlichen Umfeld ist, in dem keiner den anderen öffentlich kritisiert, blamiert oder beschimpft. Hate Speech ist tabu. Wenige Ausnahmen bestätigen die Regel, werden vom Betreiber aber direkt abgestraft.

Jeder darf sich auf LinkedIn nach eigenem Gusto darstellen und selbst inszenieren, daher kommt auch die Beliebtheit der Plattform. Einseitig, ungeprüft und werblich. Alexander Gutzmer, Professor für Medien und Kommunikation an der Quadriga Hochschule, äußert sich kritisch zu Unternehmenskommunikation in sozialen Medien: „Menschen tendieren in sozialen Medien zum eindimensionalen Moralismus." Er betont: „Haltung und Selbstgeißelung passen nicht zusammen. Es kommt nicht von ungefähr, dass Unternehmen in Letzterem so viel besser sind. Denn Ersteres tut im Zweifel weh. Letzteres vermeidet jeden korporativen Schmerz. In einer Zeit diskursiver Kuschelwelten sind viele Kommunikatorinnen und Kommunikatoren es nicht mehr gewohnt, Konflikte durchzustehen oder auch mal aktiv auszufechten."[58]

Zurich-Kommunikator Engelien kommt zu dem Ergebnis, dass „PR in ihrer strategischen Bedeutung stets dann gewachsen ist, wenn sie mutig war und auch auf tiefgreifende Umbrüche mit Pragmatismus und Flexibilität bei gleichzeitig wachsender Professionalität reagiert hat. Gescheitert ist sie allerdings dort, wo sie es sich zu einfach gemacht hat und mit mutlosem Mainstream-Allerlei, Pop-up-Moralismus und inhaltlosem Social-Media-Aktivismus Kommunikation vortäuschte."[59]

Die Regel „Wer sich positionieren will, muss Position beziehen" wird in sozialen Medien regelrecht ignoriert. Zu groß ist die Angst vor Diskurs und Shitstorms. Also posten viele Unternehmen ihre neuesten Auszeichnungen, bewerben ihre Produkte, präsentieren sich als Employer of Choice und schicken ihre CEOs ins Rennen, um mehr Aufmerksamkeit und Bedeutung zu erhalten. CEO-Präsenzen gibt es vor allem auf LinkedIn und Twitter. Die prominenten Chefs erzielen hohe Follower-Zahlen und beachtliche Interaktionen. Botschaften finden hier deutlich mehr Aufmerksamkeit als über ein unpersönliches Corporate-Profil. Die meisten „Social CEOs" veröffentlichen Unternehmensnachrichten und halten sich mit privaten Themen weitgehend zurück. Ausnahmen gibt es immer wieder.

Künstliche Intelligenz verändert Social Media

Künstliche Intelligenz wird Social Media nachhaltig verändern. Noch ist sie auf unterschiedlichen Plattformen nicht immer zielführend eingesetzt. Sonst würden wir abgesehen von Paid Content, also bezahlten Anzeigen, nicht so viele für uns irrelevante Informationen angezeigt bekommen. Die Plattformbetreiber arbeiten mit Hochdruck an der Entwicklung von KI und effizienter Datennutzung. Sie werden Inhalte entsprechend den Bedürfnissen der Nutzer kalibrieren. Kommunikatoren müssen sich darauf einstellen und in ihren Konzepten Relevanz für ihre Stakeholder skizzieren. Auch dazu sind Stakeholder-Profiling und Listening extrem wichtig. Mithilfe Künstlicher Intelligenz werden Kommunikationsverantwortliche künftig deutlich gezielter und relevanter informieren und Dialoge effizient gestalten können.

Auch wenn die Kommunikation in den sozialen Medien schnell- und kurzlebig ist, sollten CCOs werthaltigen Content platzieren. Eine große Community ist das Ziel der Kommunikationsverantwortlichen. Allerdings sind Follower schnell wieder weg, wenn sie mit belanglosen Themen abgespeist werden. Ein buntes Allerlei für jede Zielgruppe nach dem Gießkannenprinzip ist tabu. Audio- und Videoformate sind sehr beliebt, und die User schätzen es, wenn Themen mit einer Prise Kreativität und Humor aufbereitet werden. Das Look and Feel darf nicht langweilen oder abgedroschen wirken, sondern muss entsprechend der Stakeholder individuell und passgenau sein.

Einige Organisationen reagieren auf diese Bedürfnisse mit eigenen Talkshows und Informationssendungen auf unterschiedlichen Kanälen. Live-Events mit charakteristischen Darstellern laufen gut. Die Unternehmenskommunikation wird quasi zum Betreiber eines alternativen TV-Senders. Ein prominentes Beispiel dafür ist Bayern-München-TV, abrufbar nur über Social Media. Auch Podcasts erfreuen sich bei vielen Stakeholdern großer Beliebtheit. Kommunikationsverantwortliche müssen bei diesem Format darauf achten, relevante Botschaften zu platzieren, den Informationsbedarf der Zuhörer exakt zu decken und nicht zu langatmig über das Drumherum zu palavern. Weniger ist mehr, es kommt auf die Essenz an.

Die Gen Z konsumiert Informationen fast ausschließlich über Social Media. Die Ansprüche dieser Jugendlichen und jungen Erwachsenen sind deutlich fragmentierter als die vorheriger Generationen. Hinzu kommen eine selbst geprägte Sprachkultur sowie ein besonderes Verständnis von Humor. CCOs, die diese Zielgruppe erreichen wollen, müssen ihr Mindset erweitern und genau zuhören, was die Gen Z bewegt. Das gilt vor allem für Marketers bei der Erstellung einer Customer-Journey. Mit Daten und KI lässt sich gut ermitteln, wo die jungen Menschen erreichbar sind und mit welchen Themen man sie gewinnen kann. Doch es gehört auch etwas Mut dazu. Denn Kommunikationsverantwortliche müssen neue Formate wagen.

Die Jugendlichen und jungen Erwachsenen wollen sich und ihre Wünsche, ihren Ärger und ihre Sorgen mitteilen, was sich deutlich an „Fridays for Future“ oder „Black Lives Matter“ zeigt. Nur mithilfe der sozialen Medien konnten diese beiden Bewegungen weltweite Aufmerksamkeit erzielen und eine so große Community hinter sich vereinen. In einem Artikel in „Forbes“ vom August 2021 heißt es: „C-Suite-Manager und Kommunikationsverantwortliche sollten den Aktionismus der Gen Z besonders verinnerlichen. Diese jungen Erwachsenen sind ein zunehmender Anteil der Belegschaft und des Kundenstamms. Zudem sind sie sehr geschickt, mit Smartphone-Videos und anderen Social-Media-Tools zu kommunizieren und zu petitionieren sowie notfalls Druck auszuüben.“[60]

Die Gen Z ist aktiv. Dialogformate wie Facetime und Discord liegen im Trend. Auch wenn Plattformen und Netzwerke schnell von ganzen Communitys genutzt werden, ist Beständigkeit eine Seltenheit. Sind Facebook, Instagram, TikTok und Snapchat heute die beliebtesten Kanäle, können schon morgen andere an ihre Stelle treten. Manchmal ist der Hype schnell vorbei, wie sich etwa bei Clubhouse oder Houseparty beobachten ließ. Sie schafften es kaum in Ranglisten für relevante Plattformen der Unternehmenskommunikation. Um First Mover zu sein und zu den Trendsettern zu gehören – beides bringt nachhaltige Vorteile für die Organisation –, beobachten weitsichtige Kommunikatoren mit großer Aufmerksamkeit alle Kanäle und deren Entwicklungen. Das gilt auch und insbesondere für ganz neue.

Beständiger sind Podcasts, auch wenn sie bisher in der Unternehmenskommunikation nur selten eingesetzt werden. Es gibt hin und wieder Employer Podcasts, für die externe Kommunikation spielen sie bisher keine allzu große Rolle. Dabei hat dieses Format viele Vorteile: Eine ruhige Stimme wirkt emotionaler und empathischer als ein geschriebener Text und generiert Vertrauen. Wer also Persönlichkeit in seine Kommunikation bringen will, findet hier möglicherweise einen guten Kanal. Die Kick-off-Rede des CEO oder regelmäßige Status-quo-Berichte in Podcast-Form werden durchaus Anhänger finden. Ob Podcasts sinnvoll sind, kommt auch auf das Unternehmen an. Ist beispielsweise der Außendienst viel mit dem Auto oder im LKW unterwegs, können sie zeitsparend unterwegs konsumiert werden. Experten erwarten, dass Audio in Zukunft deutlich höhere Reichweiten erzielt, doch die Meinungen driften auseinander. Einig ist man sich indessen, dass egal über welchen Kanal, der Content und die Aufbereitung stimmen müssen. Langatmiges und selbstgefälliges Gerede ist der Knock-out für jeden Podcast.

Video schlägt Audio schlägt Text

Für alle Netzwerke und Zielgruppen gilt: Der CCO muss innerhalb der ersten zehn Sekunden sein Publikum begeistern. Mehr Zeit geben die meisten Nutzer einem Post nicht. Social Media lebt von Tempo und Kürze, es kommt also darauf an, Themen zu pointieren, zu interpretieren und zu diskutieren – und das möglichst kompetent, glaubwürdig und authentisch, aber auch mit überraschendem Humor, Esprit und Individualität. Video-Content ist sehr beliebt, auch Suchmaschinen ranken diese Kommunikation höher und verschaffen ihr dadurch mehr Sichtbarkeit und Reichweite.

Egal ob Videoclips, Memes, Live-Hacks oder Interviews – Bewegtbild braucht Kreativität. Und qualitativen Content. Kommunikatoren, die das nicht verinnerlichen und umsetzen, werden die Gen Z und nachfolgende Generationen nicht mehr erreichen. Doch es gibt, so unsere Erfahrung, sehr viele Kommunikatoren dieses Schlags. Statt den neuesten Trends zu folgen, posten auch Unternehmen mit größeren Kommunikationsabteilungen oft nur triviale Texte mit vielfach genutzten Stock-Bildern. Das Schlimme daran: Die Kommunikationsverantwortlichen feiern sich, wenn sie ein paar Hundert Follower, im besten Fall ein paar Tausend, gewinnen, oder wenn sie gelegentlich die Hunderter-Marke bei Reaktionen reißen. Wir haben das oft gesehen. Die paar Likes kommen meist aus den eigenen Reihen oder von Sympathisanten. Und gutgläubige CEOs nehmen ihren Kommunikatoren ab, sie seien extrem erfolgreich mit Social-Media-Kommunikation.

Die jährlich erscheinende Massenkommunikationsstudie von ARD und ZDF zeigt die Entwicklung des Medienkonsums.[61] Mit Bewegtbild erreicht man 89 Prozent in der Zielgruppe der Erwachsenen, 85 Prozent immerhin mit Audio, aber nur noch 45 Prozent mit Textinformationen. Corporate Content hat einen geringen Anteil, doch der dürfte in Zukunft stark steigen. Schon deshalb, weil Videos leichter zu konsumieren sind – das ist neurowissenschaftlich erwiesen. Das Gehirn kann die Informationen einfach besser verarbeiten. Die neuronale Wirkung von Videos belegt auch die Studie „How Video will take over the world" von Forrester Research.[62] Demnach erzeugt ein Bild in unserem Kopf etwa 1000 Wörter – eine Minute Video dagegen 1,8 Millionen Wörter. Diese Aussage ist das disruptive Äquivalent zu dem berühmten Sprichwort „Ein Bild sagt mehr als 1000 Worte". Das gilt zwar auch heute noch, stammt aber aus den 1920er Jahren von Fred R. Barnard, der in einer Werbezeitschrift mit dem Werbeslogan „One look is worth a thousand words" diese Weisheit prägte.

Die jährliche Prognose „Visual Networking Index" von Cisco Systems kommt zu dem Ergebnis, dass 2022 rund 82 Prozent des gesamten Internet-Traffic auf Video-Content entfällt.[63] Ein Blick in die Kommunikationsbereiche von Unternehmen lässt daran stark zweifeln. Argumente wie „zu teure" oder „zu aufwendige Produktion" sollte ein CEO nicht gelten lassen, wenn er nachfragt, warum sein Unternehmen keine Videos für Kommunikation und Marketing nutzt. Das zeugt allenfalls von Unwissenheit und Desinteresse.

Werbung ist der Gen Z lästig und wird gerne sofort weggeklickt. Der CCO muss also einen anderen Weg finden, ihre Aufmerksamkeit zu bekommen und die Marke bekannt zu machen. Das muss gar nicht teuer sein. Denn bei der Gen Z geht es um Kreativität, Humor und schließlich Viralität. Die Vermittlung von Informationen muss vor allem eines sein: unterhaltsam. Kommunikatoren sollten zum Beispiel auf Memes und GIFs setzen, um die junge Zielgruppe zu erreichen. Der Autovermieter SIXT nutzt diese Praktiken häufig und wurde bereits mehrfach für seinen kreativen und humorvollen Content ausgezeichnet und sogar verklagt.

Razvan Romanescu, einer der Gründer von Memes.com, sagte der Zeitschrift „Forbes": „Ich erzähle den Leuten seit Jahren, dass Memes die Zukunft des Social Marketings sind – und wurde immer zurückgewiesen. Aber jetzt nicht mehr."[64] Für den Ketchup-Hersteller Heinz hatte Romanescu ein Meme entwickelt mit dem Ziel, eine Million Impressionen zu erreichen. Es wurden mehr als viermal so viele, freut sich der Entwickler. Meme-Marketing ist empfehlenswert, wenn es um die Steigerung der Markenbekanntheit geht. Besonders schnell viral geht das Meme, wenn es wirklich lustig ist. Es gewinnt so für die Marke viele Sympathien innerhalb der Gen Z. „Auf den ersten Blick scheinen Memes triviale und banale Artefakte zu sein, tatsächlich bilden sie gesellschaftliche und kulturelle Diskussionen ab", schreibt das Magazin „Spiegel" und kommt zu dem Ergebnis: „Memes tragen als Teil der Internetkultur dazu bei, gemeinsame Normen und Werte zu schaffen."[65]

Die ganzheitliche Strategie entscheidet

Corporate Communication gelingt zukünftig nur dann, wenn eine klare Strategie als Roadmap dient und einzelne Maßnahmen immer als Teil des Ganzen betrachtet werden, also integrierte Kommunikation gelebt wird. Wen und was will das Unternehmen erreichen, was erwarten Management und Stakeholder und wie zahlen die einzelnen Maßnahmen darauf ein? Welchen Impact hat Kommunikation auf die License to operate und welchen Mehrwert für das Unternehmen?

Der CEO und der Chief Communications Officer als sein engster Berater müssen aktiv und strategisch alle Kommunikationsdisziplinen steuern, sie flexibel orchestrieren und jederzeit eine ganzheitliche Kommunikation erzielen. „Die Lebenserfahrung hilft einem Kommunikator, störungsfrei zu kommunizieren und erleichtert die Erkenntnis, welcher Kommunikationsweg wann erfolgreich einzusetzen ist", sagt Günther Jesumann, der auf 40 Jahre Berufserfahrung als Kommunikationsverantwortlicher eines Versicherungskonzerns zurückblickt. Entscheidend ist für ihn auch ein belastbares Netzwerk des Kommunikators: „Social Media gehört zum digitalen Lifestyle, stößt aber immer wieder an Grenzen des eigenen Umfelds. Daher empfehle ich immer noch viele Gespräche mit Kollegen, den Gedankenaustausch über den Tellerrand hinaus und die Erfahrungen der aktiven Kommunikationsexperten gegenseitig zu nutzen."[66]

Mit der Communicative Organization und der CINCO haben Kommunikatoren eine völlig neue Dimension an Optionen. Es geht jetzt darum, diese richtig zu nutzen. Und das funktioniert nur über einen disruptiven Umbau des Unternehmens. Kommunikation ist zukünftig der Treiber für alle Ressorts und Daten sind die Basis für alle Entscheidungen. Unternehmenslenker, die sich heute mit dem Thema auseinandersetzen, werden überrascht sein, welche positiven Wirkungen eine gute Kommunikation gepaart mit innovativer Technik und Mut zur Umsetzung haben kann. Andere werden spüren, dass sie einfach zu oldschool sind und ihren Rückstand nicht mehr aufholen können – oder wollen. Denn die Disruption erfordert Mut und Engagement, Kreativität und Innovationsbereitschaft, keine Stagnation.

Nicht alles muss komplett neu gemacht werden, aber jede Kommunikationsdisziplin gehört auf den Prüfstand. Wir nennen das den Disruptions-Check. Ankündigungen sind keine relevanten Botschaften, die Stakeholder erwarten Taten. Entweder wagen CEOs und Kommunikatoren die Disruption oder sie erklären die bewährten Methoden für ausreichend. Von dieser Entscheidung hängt die Zukunft der Organisation ab. Eines ist jedenfalls klar: Sämtliche Maßnahmen und Prozesse müssen sich an Veränderungen orientieren und auf die Bedürfnisse aller Stakeholder einzahlen. Egal, ob diese in der realen Welt leben oder im Metaverse.

Probleme sind oftmals nur „gefühlt“

Interview mit Rechtsanwältin Tanja Irion

Warum sollte mit der Communicative Organization das Unternehmen rechtlich neu aufgestellt werden?
Die Erfahrung zeigt, dass es teurer wird, wenn der juristische Sachverstand verspätet dazugeholt wird, weil man schon ausgerollte Dinge ändern muss oder ein Schaden bereits eingetreten ist. Erfahrungsgemäß ist eine ganze Reihe von Problemen eher „gefühlt“. Viele Kommunikatoren fühlen sich beim Thema datengetriebene Kommunikation vom Datenschutz gebremst. Hier wird mir zu wenig nach alternativen und konstruktiven Lösungen gesucht. Ich sehe mich als Sparringspartner, sowohl für die Rechtsabteilung als auch die Kommunikationsabteilung.

Urheber- und Medienfachanwälte gibt es wenige in Deutschland. Wie findet ein Unternehmer den passenden Partner?
Weniger als 0,5 Prozent der Kollegen sind Fachanwälte für Urheber- und Medienrecht. Zusätzlich werden Kenntnisse im Datenschutzrecht und in Kommunikation gebraucht. Es reicht nicht, nur ein guter Jurist zu sein. Wichtig ist auch: Hat man Lust auf Neues und bildet sich regelmäßig fort? Gibt es Verständnis für Kommunikation? Ich engagiere mich z. B. bei der CommTech (https://www.imwf.de/agcommtech) und leite dort die Arbeitsgruppe Datenschutz und Medienrecht.

Für viele Unternehmen ist Comms-Technologie eine Blackbox. Wo lauern da Gefahren?
Datenschutz bleibt ein großes Thema wegen des technischen Bezugs und ungeklärter Rechtsfragen. Es gibt aber noch andere rechtliche Themen, die eine Rolle spielen: das Recht am eigenen Bild, Persönlichkeitsrecht, Wettbewerbsrecht etc. Das verschwindet ja nicht, nur weil ein Ablauf technikgetrieben ist. Es macht immer Sinn, rechtzeitig einen guten Rechtsanwalt zu Rate zu ziehen.

Tanja-Irion.Law verfügt über belastbare Kooperationen mit erstklassigen Kommunikationsprofis, Strafverteidigern und Kollegen aus anderen Fachgebieten. Rechtsanwältin Irion vertritt seit vielen Jahren die Rechte von Unternehmen und in der Öffentlichkeit stehenden Persönlichkeiten

Kontakt: www.tanja-irion.law, Tel. +49-40-45000435

Kapitel 5

Leadership in der Communicative Organization

Tiefgreifende Veränderungen des Ökosystems und die damit einhergehenden Herausforderungen verlangen ein disruptives Mindset der Unternehmenslenker. Wie die CEO-Studie von Egon Zehnder (2021) belegt[1], planen rund 80 Prozent der befragten Führungskräfte eine Veränderung der Organisation. Permanente Veränderung ist das Topthema in Unternehmen weltweit. Dabei geht es nicht nur um kleinere Evolutionen, sondern um eine Metamorphose. Das verlangt Mut und Weitsicht. Porsche Consulting kommt im „Change Management Kompass 2020" zu dem Ergebnis, „dass sich die deutschen Top-100-Unternehmen in den kommenden zwei Jahren grundlegend wandeln wollen". Für die auf Veränderungsprozesse spezialisierten Berater ist für den Erfolg geplanter Transformationen ein Punkt entscheidend: „Dass alle wesentlichen Stakeholder mit an Bord sind und an einem Strang ziehen."[2]

In erster Linie muss es ein klares Commitment des Managements geben, wie zielführendes Leadership in Zukunft aussehen soll. Das schließt ein gemeinsames Verständnis über eine neue Führungskultur ein. Wenn Silos, Distanzen und Egoismen weichen, gewinnt das Unternehmen an Effektivität. In der hochtransparenten Communicative Organization rückt das Topmanagement ins Rampenlicht. Details seiner Arbeit und Entscheidungen werden sichtbar. Auch, wenn Manager nicht im Sinne ihrer Bestellung, sondern auf eigene Rechnung handeln. Das ist nicht so abwegig, wir haben das in unseren Beratungsmandaten mehr als einmal erlebt. Auch deshalb muss ein neues Führungsverständnis entstehen, das Nähe sucht, statt Distanz zu schaffen.

Das ist der Ausgangspunkt für grundlegende Veränderungen, die für eine Communicative Organization notwendig sind, etwa in puncto Engagement, Diversity, Inklusion, Equal Payment oder Nachhaltigkeit. Nach außen kann die neue Führungskultur auch visuell signalisiert werden. Ein Auftritt ohne Krawatte und mit lässigen Sneakern stand zum Beispiel für Aufbruch, Umdenken und den vom Management vorgelebten Wandel. Entscheidender als diese eher oberflächlichen Signale sind jedoch Konsequenz und Intensität des Handelns.

Klarer Blick nach vorn

Bisher als zentral erachtete, nur überwachende Ressorts wie Finanzen, Recht, Controlling oder Risiko bleiben in der Communicative Organization relevant; sie verlieren inhaltlich keineswegs an Bedeutung. Den Unterschied macht die Blickrichtung. Der neue Managementansatz und damit die Steuerung sind konsequent auf die Zukunft ausgerichtet. Die Unternehmensführung – allen voran der CEO, der in seiner herausragenden Stellung für sämtliche Entscheidungen verantwortlich ist – muss nach vorne blicken, um Potenziale wie Risiken frühzeitig erkennen und darauf reagieren zu können. Auf einer Schiffsbrücke schaut die Crew um den Kapitän auch nicht nach hinten zum aufgewühlten Fahrwasser. Je nach Branche oder regulatorischen Vorgaben werden die klassischen Ressorts mehr oder weniger stark gewichtet und sind im Nukleus als fachliche Experten gesetzt. Aus den ehemaligen Ressorts werden organisatorisch sogenannte Cluster, die effizient ihre flexiblen Teams führen. Von den Clustern wird nicht weniger als Business Excellence erwartet, denn die Communicative Organization ist in allen Streams darauf ausgerichtet, im Sinne eines Total Quality Managements konsequent Wettbewerbsvorteile zu erzielen.

Cluster können direkt beim Nukleus angedockt sein oder flexibel in der Organisation bestehen. Ein Beispiel: Vor der Transformation war der Vertriebschef Mitglied des Vorstands. In der schlank und agil organisierten Communicative Organization bleibt er ein wichtiger Leader, ist aber nicht Teil des Nukleus, sondern positioniert sich bei seinen Teams. Er büßt weder Autonomie noch Ansehen ein, ist aber in der neuen Positionierung stärker in die Praxis eingebunden als vorher und besser für sein Team erreichbar; im Idealfall sieht und integriert er sich als Teil des Teams. Besonders durch die konsequente Kundenzentrierung des gesamten Unternehmens gewinnt seine Position deutlich an Relevanz. Als Leader hat er die Fähigkeit, entscheidende und hoch priorisierte Impulse ins Netzwerk zu senden, etwa wenn rechtliche Konsequenzen oder der Verlust von Geld drohen.

Leader der Communicative Organization sind hochqualifizierte Mitarbeiter mit exzellenter Führungskompetenz, die fachlich zum Topmanagement gehören, sich aber nicht durch Titel und Büros in der C-Suite positionieren müssen. Die C-Suite löst sich im Nukleus auf, der sich zentral sowie agil im Zentrum der Communicative Organization aufstellt.

Mit der Neuausrichtung der Unternehmensführung können alle notwendigen Ressourcen optimal miteinander agieren. Der Koordinator eines impulsgebenden Clusters – das muss nicht zwingend der Leader sein – ist systemseitig als Knotenpunkt hinterlegt und kann so Lösungen koordinieren und das Ergebnis dokumentieren. Aus starren Silo-Ressorts einer Organisation werden so Teams, die Herausforderungen annehmen und gemeinsam ein optimales Ergebnis erzielen. Die Cluster sollten nicht die Ressortbereiche klassischer Organisationen abbilden, sondern ebenfalls neu gedacht werden. In der auf effiziente Zusammenarbeit programmierten Communicative Organization braucht man dank der Vernetzung deutlich weniger Cluster. Muss der Chief Financial Officer in den Boardroom? Oder sollte der Chief Customer Officer ihn ersetzen? Brauchen wir den Risikovorstand? Oder sollte der Chief Information Officer an seine Stelle treten, weil Cyberattacken ohnehin die größten Risiken für Organisationen darstellen?

Wie der Vorstand letztendlich aufgestellt wird, bleibt Sache des Aufsichtsrats oder der Eigentümer. Dabei gilt: Je schlanker er ist, desto agiler und effizienter arbeitet die Communicative Organization. Sie lässt sich auch von einem einzigen Unternehmenslenker führen, denn die Aufbauorganisation der Communicative Organization ist frei skalierbar. „Es gehört zu den Grundaufgaben modernen Managements, Strukturen innerhalb der Firma immer wieder zu hinterfragen und wenn nötig anzupassen. Strukturen neu zu gestalten oder neu auszurichten, ist kein Ausdruck von Orientierungslosigkeit, sondern spiegelt die Dynamik wider, mit der sich Märkte entwickeln“, erklärt dfv-Geschäftsführer Reimers, der aus einem klassischen Verlagshaus eine moderne Mediengruppe mit Digitalcharakter gemacht hat.[3]

Wer ins Topmanagement einzieht, hängt entscheidend davon ab, welche konkreten Ziele die Organisation für sich formuliert hat. Rückt sie beispielsweise Kunden und Mitarbeiter ins Zentrum ihres Handelns, sollte sie einen Steuermann für diese Themen benennen und ins C-Level-Team holen. Der CHRO (Chief Human Resources Officer) ist in der Communicative Organization für den Dialog mit den Mitarbeitern zuständig und schafft Grundlagen zur Bildung einer neuen Kultur. Diese Zielsetzung rangiert auf höchstem Niveau und braucht eine entsprechende Wahrnehmung. Das Gleiche gilt für den Kunden. Wer Kundenzentrierung leben will, muss genau wissen, was am Point of Sale geschieht und als Leader im Team des CEO die Entscheidungskompetenz für entsprechende Maßnahmen haben. Auch der Schutz der Organisation hat höchste Priorität. Organisationen, die technologischen Fortschritt anstreben, brauchen den CIO (Chief Information Officer). Als Mitglied im CEO-Team übernimmt er Verantwortung für IT, Software und Hardware, Datensicherheit und -schutz, technische Entwicklung und vor allem Risikoprävention.

CCO ins Topmanagement

Das Thema Kommunikation wird zweifellos zentral über gesamte Organisationen und sogar Branchen aufgewertet, viele Wettbewerber arbeiten bereits daran. Im Ergebnis wird Kommunikation entscheidender sein als Kontrollfunktionen, die zunehmend von Algorithmen übernommen werden. Selbst klassische Lehrbücher vermitteln, dass Führung zu mehr als 80 Prozent über Kommunikation läuft. Wenn Kommunikation so entscheidend ist, drängt sich die Frage auf, ob sie im Unternehmen ausreichend priorisiert wird. Hat der Kommunikationsverantwortliche die Möglichkeiten, die er braucht, um das Unternehmen optimal zu unterstützen? Oder sollte er selbst ins Management aufrücken, weil es aktuell viel zu wenig Unterstützung gibt? Sollte der Chief Communications Officer nicht aktiv gestalten und mitwirken, also Entscheidungen treffen und Visionen aufzeigen? Ist er nicht prädestiniert dafür, schon vor Beginn jeder strategischen Entscheidung mit universalem Wissen und ohne Ressortfokussierung die potenziellen Erfolgschancen einzuschätzen?

Der Kommunikationsverantwortliche ist in seiner Funktion ein wesentlicher Erfolgstreiber für Unternehmen und Organisationen. Dieser Trend wird in den kommenden Jahren exponentiell zunehmen. „Die Rolle der CCOs verändert sich unglaublich", schreibt Jack Welch, langjähriger CEO und Chairman von General Electric, in seinem Blog. „Es geht nicht mehr nur darum, Brände zu löschen. Der CCO ist viel vorausschauender. Er hat die Aufgabe, alle um sich herum schlauer zu machen"[4], meint Welch, der in Managementkreisen immer noch als Ideal eines innovativen und mutigen CEO gilt. Er ist sicher, dass die Rolle des CCO an Bedeutung zunehmen wird.

> „Der CCO hat die Aufgabe, alle um sich herum schlauer zu machen."
> *Jack Welch, ehemaliger CEO und Chairman von General Electric*

Immer mehr Kommunikatoren stellen diese Wichtigkeit durch exzellente Ergebniskommunikation und ihre eigene Disruption unter Beweis. Diese Entwicklung haben die besten Kommunikatoren bereits hinter sich und setzen digitale Tools und moderne Kommunikationslösungen souverän ein. Sie nutzen selbstverständlich Daten und Künstliche Intelligenz, sie haben Storys und überzeugen alle Stakeholder. Diese Profis beherrschen die interne wie externe Kommunikation zu allen relevanten Themen und Lagen, zum Beispiel Führung, Reputationsmanagement, Customer-Experience, Krisenabwehr, Positionierung von Unternehmen und Management, Einschätzung von Peers und Märkten und vieles mehr.

Der disruptierte Kommunikator ist darüber hinaus ausgezeichnet vernetzt – sowohl innerhalb des eigenen Unternehmens als auch mit allen anderen relevanten Kontakten –, was ihm einen Überblick verschafft, den kaum eine andere Führungskraft erreichen kann. Der Kommunikationsprofi kennt den Markt und weiß, was Wettbewerber planen und entwickeln. Mit diesem Wissen und einem ausgeprägten Scharfsinn kann ein guter Kommunikator als Berater die strategischen Schritte des Managements bewerten und deren Erfolgschancen einordnen. Somit ist seine Einbindung bereits bei der Neukonzeption einer Unternehmensstrategie oder einzelner Projekte unverzichtbar. Als 360-Grad-Berater verhilft er dem Management zu mehr Weitsicht, weil er sich nicht von Partikularinteressen leiten lässt. Im Idealfall übernimmt der Kommunikator in gewisser Weise sogar eine Funktion als Risk-Manager. Er kann eine Frühwarnfunktion etablieren, indem er mithilfe Künstlicher Intelligenz und digitaler Tools, aber auch über persönliche Kontakte, Fakten, Informationen und Sentiments ermittelt und clevere Schlüsse daraus zieht.

Die Diskussion, ob der Kommunikationsverantwortliche zum obersten Management gehören sollte, ist schon vielfach geführt worden und kommt nun im Rahmen der Digitalisierung verstärkt auf. Die Gründe dafür liegen auf der Hand: Die Ergebnisse und Themen aus seinem Verantwortungsbereich wie Information, Vertrauen, Reputation, Risikoprävention und Positionierung überlagern im internen Ranking der Relevanz andere Ressorts. Das lässt sich in einigen Unternehmen bereits deutlich beobachten. Ein Sitz im Vorstand verschafft dem CCO nicht nur eine Perspektive von der Meta-Ebene: Er erfährt auch aus erster Hand und ungeschönt von eventuell auftretenden Problemen und Risiken, die ein internes oder externes Stakeholder-Management erfordern und spezielle Kommunikationslösungen nötig machen.

Ein C-Level-Rang verleiht dem Kommunikator mehr Durchsetzungskraft und Glaubwürdigkeit gegenüber anderen Führungskräften. Das verschafft ihm die Freiheit, erforderliche Maßnahmen im Unternehmen direkt zu initiieren und Kollegen zeitgleich dafür zu begeistern. Obwohl der Kommunikator sich permanent entwickelt und mit seiner Arbeit immer stärker auf den Unternehmenserfolg einzahlt, sind in Deutschland nur wenige Vorstandsressorts an Kommunikationsverantwortliche vergeben. Immerhin werden Kommunikatoren zunehmend als Bereichsvorstände positioniert.

Auch international sind Kommunikationsverantwortliche in Boards eher die Ausnahme, wie der jährlich erscheinende Spencer Stuart Board Index zeigt.[5] Die Beratungsgesellschaft hat ermittelt, dass 2021 unter den Fortune-500-Unternehmen, also den größten US-Firmen, lediglich 30 Kommunikationsverantwortliche entsprechende Posten bekleideten. Diese Zahl hat sich in den vergangenen Jahren leicht erhöht. Doch auch das geht nicht weit genug. Die durchdringende Medialisierung der Ökonomie zeigt eines deutlich: Der Kommunikator gehört ins Board! Die European Association of Communication Directors, bei der auch wir Mitglied sind, kommt zu dem Ergebnis, dass 2020 in nur jedem vierten Unternehmen des FTSE, also den 100 größten börsennotierten britischen Unternehmen, ein Kommunikationsprofi in der C-Suite zu finden war.[6] Executive-Berater erwarten in den kommenden Jahren hier eine signifikante Veränderung. Die Gründe dafür liegen auf der Hand beziehungsweise stehen in diesem Buch.

Page Society: CCOs vor ständig neuen Herausforderungen

Für einen festen Platz des Kommunikationsverantwortlichen im Vorstand plädiert auch die Page Society, der international angesehene Berufsverband für Führungskräfte und Pädagogen in den Bereichen Öffentlichkeitsarbeit und Unternehmenskommunikation. Bereits 2016 hat die Vereinigung, der unter anderem die weltweit gefragtesten Kommunikationsmanager angehören, die Transformation eines Public-Relations-Verantwortlichen zu einem Chief Communications Officer aufgezeigt. Nach ihrer Auffassung hat es der CCO mit ständig neuen Herausforderungen zu tun, zum Beispiel: neue Wettbewerber, die traditionelle Geschäftsmodelle disruptieren; sich verändernde demografische, regulatorische und gesellschaftspolitische Bedingungen; neue und agile Arbeitsweisen; ein anhaltender Paradigmenwechsel bei der Art und Weise, wie Individuen miteinander kommunizieren und immer proaktiver mit Organisationen interagieren. „CCOs sind und werden zunehmend von zentraler Bedeutung für die Fähigkeit ihrer Unternehmen sein, sich an diese neuen Realitäten anzupassen, was die Notwendigkeit für CCOs, diese Fähigkeiten zu erweitern und ihre Rolle als kritische Unternehmensführer zu stärken, noch dringlicher erhöht", lautet das Fazit der Page Society.[7]

> „Chief Communications Officer werden zunehmend von zentraler Bedeutung für ihre Unternehmen sein."
>
> *Statement der Page-Society*

Für einen CCO im Vorstand votiert auch Peter McDermott, Senior Client Partner im Global Corporate Affairs Center of Expertise bei der Beratungsgesellschaft Korn Ferry: „Je mehr Chief Communications Officers zu vertrauenswürdigen Beratern der CEOs werden, desto mehr werden sie selbst als Unternehmensführer angesehen"[8], berichtet er im Korn Ferry Leadership-Insights-Newsletter. Er geht davon aus, dass sich der Trend, Kommunikationsverantwortliche in den Vorstand zu holen, fortsetzen wird, da die Stakeholder mehr Wert auf Transparenz und Vertrauen legen und die Unternehmen stärker in die Pflicht genommen werden, nach außen und innen zu kommunizieren. „Die Art und Weise, wie CCOs mit CEOs zusammenarbeiten, gibt ihnen Einblick in eine Reihe von Themen und Vertrautheit mit jedem Aspekt des Unternehmens"[9], sagt McDermott. „Das gibt CCOs die Möglichkeit, einen einzigartigen operativen und kommerziellen Scharfsinn zu entwickeln."

Wir haben einen Vorstand für Kommunikation befragt: Macht es Sinn, Board-Member zu sein? Die Antwort liefert Martin Zimmermann, der von 2016 bis 2022 im Vorstand von Renault Deutschland die Kommunikation verantwortete: „Kommunikation ist Chefsache und muss strategisch in der Unternehmensspitze verankert sein. CEOs und Geschäftsführer sollten sich bewusst sein, dass sie im öffentlichen Fokus stehen. Das bietet viele Chancen in enger Abstimmung mit dem Chefkommunikator."[10] Personalberater Schuhmann ergänzt: „Entscheidend ist nicht der Titel, sondern die Einbindung des obersten Kommunikators, nennen wir ihn CCO, in unternehmerische Entscheidungsprozesse. Was nützt der Platz im Vorstand, wenn der CEO am Ende doch alleine entscheidet? Oder ein CCO, der keinen großen Einfluss im Board hat? In diesem Fall wäre ein Head of Communications mit direktem Berichtsweg zum CEO, bei dem sein Wort Gewicht hat, höher einzustufen."[11]

Der Ruf nach Führungskräften aus bislang eher vernachlässigten Bereichen wird lauter. Selbst Aufsichtsbehörden wie die Europäische Zentralbank und die Bundesanstalt für Finanzdienstleistungsaufsicht BaFin verlangen inzwischen eine funktionierende Kommunikation und eine entsprechende Positionierung des Verantwortlichen in Banken. Und sie setzen selbst Standards: „Das EZB-Direktorium befürwortet eine klare, wirkungsvolle und zeitnahe Kommunikation", heißt es in den Leitlinien der europäischen Aufsichtsbehörde.[12] Noch ist die Forderung nach einer transparenten Kommunikation in den zu beaufsichtigenden Institutionen dehnbar und situativ, aber in der Praxis haben wir bereits erlebt, welche Mindestansprüche an Kommunikationsleistungen von der Aufsicht formuliert wurden. Ebenso haben die Aufseher in Einzelfällen harte Sanktionen angekündigt, falls die Kommunikation nicht innerhalb kürzester Zeit auf ein Mindestlevel gehoben wird.

Eigentümer und Aufsichtsräte müssen handeln

Angesichts der stetig zunehmenden gesellschaftlichen Anforderungen an Unternehmen und des tiefer gehenden Interesses der Kunden und Mitarbeiter an Werten und Kulturen werden nur die vorausdenkenden Firmenlenker eine erfolgreiche Zukunft vor sich haben. Es wird sich herauskristallisieren, welche Manager vorbildlich und im Sinne der Organisation agieren. Multiple Transparenz wird zum Standard des Next-Gen-Managements. Kritische Stimmen werden gehört und Bestehendes wird infrage gestellt. Dissens lässt sich nicht mehr vermeiden, sondern verlangt nach Lösungen und fördert die Entwicklung des Managements und die positive Erneuerung der Unternehmen.

Wir arbeiten seit 1990 direkt mit Topmanagern zusammen. Wir haben in dieser Zeit diverse Denkweisen und Handlungstaktiken von Führungskräften kennengelernt und einen guten Einblick in Befindlichkeiten und Positionierungsdrang, Karrieredruck und Anreize für Erfolge und in die Zusammenarbeit mit Aufsichtsräten und -behörden gewonnen. Und leider kommen wir selbst zu dem Schluss: Es gibt viele gute Manager, aber auch immer wieder Führungskräfte ohne echtes Involvement. Schlimmer noch, es gibt Führungskräfte, die toxisch für Unternehmen sind, zum Beispiel Narzissten. Auch in Zeiten von New Leadership sind diese häufig anzutreffen. Ein Konsens gelingt Führungskräften eher selten; sie entwickeln eigene Lösungen und scheuen Konflikte. Auf diese Weise bleibt es ihnen meist erspart, Sanktionen mit weitreichenden Veränderungen und großer öffentlicher Wahrnehmung zu verhängen. Störenfriede werden gerne mundtot gemacht und Aufsichtsräte kontrollieren in der Regel nur das, was der Vorstand präsentiert.

Aus all diesen Gründen bleibt Missmanagement oft unentdeckt. Was also muss getan werden? Aufsichtsräte müssen umdenken, stärker nachfragen und ihre Aufsicht aktiv gestalten. Sie brauchen mehr Transparenz und Antworten auf alle Fragen. Diese bekommen sie in der Communicative Organization. Im Idealfall professionalisieren sich Aufsichtsräte selbst als Vollzeitakteure und begleiten die entscheidenden Prozesse von der Meta-Ebene aus. Das Gleiche gilt für Eigentümer, etwa in Familienunternehmen.

CCO generiert Vertrauen – der höchste Wert für Unternehmen

Der Kommunikationsverantwortliche nutzt weder leere Floskeln noch singt er plumpe Loblieder, stattdessen achtet er auf Relevanz und beantwortet Fragen – auch kritische. So erreicht er in der Öffentlichkeit, aber auch intern, eine glaubwürdige und idealtypische Wahrnehmung. Er generiert Vertrauen. Der Erhalt und der Aufbau von Vertrauen sind für europäische Unternehmen das wichtigste Ziel im Kommunikationsmanagement, ergab der European Communication Monitor 2020 von Statista. Fast jeder zweite Manager erwartet, dass Vertrauen in den kommenden Jahren immer wichtiger wird.[13]

Wenn Vertrauen und Reputation für Unternehmen so relevant sind, warum sitzt dann der Verantwortliche nicht längst in der C-Suite? Auf dem Weg zur kommunikativen Organisation ist der Chief Communications Officer in exponierter Position im Boardroom genau richtig. Er wird das Generieren von Vertrauen ins Zentrum rücken. Andere wichtige Themen wie Positionierung, Reputation und Krisenkommunikation sind ebenfalls in erster Reihe platziert, das Thema Kommunikation wird ganzheitlich vertreten. Gemeinsam mit dem CEO wird der CCO die Grundlagen für eine „Communicative Organization" legen und die Realisierung dieses neuen Managementstils evolutionieren. Als Board Member hat er nun die passende Voraussetzung.

Einbindung bringt Vorteile

Das Management positioniert sich nicht analog einer Pyramide, Kaskade, Matrix oder eines anderen Aufbaus an der Spitze der Organisation, sondern rückt ins Zentrum und steuert die Prozesse von dort. Als Nukleus oder Kern der Communicative Organization befreit sich das Management aus der – viel zu oft selbst gewählten – Isolation und integriert sich als Organ der Mitte, das jederzeit ansprechbar ist und tiefer in sämtliche Bereiche der Organisation eintaucht als je zuvor. Unternehmenslenker und Vorstände ändern ihre Rollen und positionieren sich neu als Mentoring- und Sparringspartner für die Mitarbeiter. Sie entwickeln und beschließen eine strategische Roadmap als Schaltplan für das Netzwerk.

Gleichzeitig sind sie stärker in die Prozesse und Innovationen involviert und werden somit selbst Teil einzelner Teams. Damit sind sie in der Lage, weitaus flexibler zu führen und kompetenter zu kommunizieren. Sie erkennen positive wie negative Entwicklungen früher, müssen aber den Mut haben, wenn nötig, schnell und konsequent zu kalibrieren. Dafür stehen sie in ungefiltertem Kontakt mit den Mitarbeitern und können Veränderungen wie Entscheidungen direkt und transparent erklären. Außerdem können sie ihre Mitarbeiter durch die direkte Weitergabe von Wissen und Erfahrung höher qualifizieren.

Die Folge dieser engen Zusammenarbeit ist, dass Manager ebenso wie Mitarbeiter ihre Aufgaben besser erledigen und ihre Position sichern können. Nach einer Studie der Managementberatung Egon Zehnder hat sich die Verweildauer von CEOs in Organisationen deutlich verkürzt.[14] „CEOs, die im Jahr 2010 angetreten sind, blieben zu 86 Prozent mindestens fünf Jahre im Amt. Von den Besetzungen im Jahr 2015 behielten demgegenüber nur 50 Prozent bis 2020 ihre Position. Unabhängig vom Eintrittszeitpunkt betrachtet liegt die Amtszeit aller aktiven CEOs im Schnitt bei 7,2 Jahren", heißt es in einer Presseerklärung zur Studie. Besonders hoch sei die Fluktuation in Unternehmen der Tech- und der Kommunikationsbranche.

Die bisher oft als „Filter nach oben" wirkenden Führungskräfte der klassisch zweiten Hierarchieebene werden als Leader direkt in die neue Vernetzung einbezogen. Sie wirken als Mentoren und Unterstützer für alle ihnen dauerhaft oder temporär zugewiesenen Mitarbeiter, brillieren mit Fachwissen und Umsetzungskompetenz, fördern Ideen und Kreativität und unterstützen als Berater bei der Lösung von Problemen, wenn es erforderlich ist. Sie stärken den Kern und haben die Roadmap fest im Blick, um den Schaltplan operativ umzusetzen. Die Leader bilden allerdings keinen Zirkel um das Management und schotten dieses auch nicht ab. Eine Communicative Organization hat und braucht nur eine Führung: den Nukleus. Es ist keine Störung im Netzwerk und beeinträchtigt die Position des Leaders nicht, wenn ein ihm zugewiesener Mitarbeiter in direktem Kontakt mit dem Nukleus steht. Im Gegenteil ist gerade das ein wichtiges Element der transparenten und flexiblen Führung und Kultur der Communicative Organization.

Mit der Communicative Organization schafft ein Management das Vorbild zukünftiger Unternehmensführung, die von Transparenz, Innovation, Effizienz, Motivation und Agilität geprägt ist. Mit diesem neuen Managementstil befähigen Unternehmenslenker ihre Mitarbeiter, jederzeit die entscheidenden Optimierungen im Supply-Chain-Management und der daraus resultierenden Customer-Journey zu initiieren. Zudem wird der einzelne Mitarbeiter an jedem Touchpoint mit dem Kunden ein vielseitiger Ansprechpartner sein, fachlich kompetent und serviceorientiert. Er kann Auskunft geben, Verbesserungen anstoßen und im Idealfall unmittelbar individuelle Lösungen für Kunden herbeiführen. Mitarbeiter erfahren hohe Wertschätzung und werden befähigt, ihr Wissen und ihre Erkenntnisse einzuordnen und mit Kollegen zu teilen.

Peter Hübner, Mitglied des Vorstands von Strabag und Präsident des Hauptverbandes der Deutschen Bauindustrie, verriet 2021 im Interviewformat „Making the difference“ der Personalberatung Kienbaum sein Erfolgsprinzip: „Mut zur Freiheit. Innovationen entstehen nur, wenn man Mitarbeitern in ihrem Denken und Handeln größtmögliche Freiheit gewährt.“[15]

Leadership im Sinne des OKR-Frameworks

Kommunikation wandelt sich vom möglichen Dialog zur notwendigen Arbeitsgrundlage, ohne die kein Job im Unternehmen mehr erledigt werden kann. Folglich werden Vernetzung und aktive Kommunikation zum elementaren Bestandteil jedes Arbeitsvertrags und die proaktive Teilnahme am Unternehmensdialog zum unverzichtbaren Kriterium für jeden Bonus. Für jeden Mitarbeiter wird ein Level definiert, der sein Grundgehalt bestimmt, das für jeden entsprechend seiner Qualifikationen transparent ist. Auf diese Weise führt das Unternehmen eine faire Payment-Kultur ein – ein wichtiger Bestandteil sozial gerechten Verhaltens. Abhängig von ihren Fach- und Kompetenzleveln wird der Status der Mitarbeiter in Bändern erhöht. Wer über das erwartete Grundmaß hinaus an Clouds und zusätzlichen Tasks teilnimmt oder über sein Grundlevel hinausgehende Leistungen erbringt oder Ideen entwickelt, erhält einen Bonus, der ihn zusätzlich motiviert.

Die aktive Vernetzung und das Kommunikationsverhalten der Mitarbeiter werden mehrmals im Jahr eingeschätzt und sind das zentrale Kriterium des Bonus. Teilt zum Beispiel jemand sein Wissen nicht, wird er keinen Aufschlag auf sein Grundgehalt erhalten. Auch für Leader gilt: Das Kommunikationsverhalten wird laufend eingeordnet und bonusrelevant bewertet. Wer sich nicht vernetzt und nicht aktiv kommuniziert, kann kein Leader sein. Die Communicative Organization fängt aber diejenigen auf, die fortlaufend gleiche Aufgaben in gewohnter Umgebung favorisieren. Das Unternehmen der Zukunft schafft Raum für alle Typen und Charaktere. Es ermöglicht weiterhin individuelle Führung und fördert die Interessen und Bedürfnisse der Mitarbeiter im Sinne von Diversität und Gerechtigkeit. Konsequent werden dagegen imperatorische, autokratische und narzisstische Führungskräfte aus dem Unternehmen verbannt, denn sie wirken toxisch in einer auf gegenseitigem Vertrauen und Respekt basierenden Organisationsform.

Den Führungsstil einer Communicative Organization ergänzt der Manager im Idealfall mit der ebenfalls sehr flexiblen und transparenten OKR-Methode. OKR steht für „Objectives and Key Results“ und galt bisher als fortschrittlichste und Innovationen fördernde Führungsform. Unternehmen wie Google, Amazon, Meta und viele weitere aus dem Fortune-500-Universum arbeiten nach diesem Prinzip. Auch in Deutschland findet dieser Führungsstil immer mehr Anhänger. Die gute Nachricht: Selbst kleine Organisationen können die OKR-Methode problemlos und schnell implementieren. „Indem OKRs die Sichtlinie zu den Zielen aller freimachen, decken sie redundante Bemühungen auf und sparen Zeit und Geld“, schreibt John Doerr, Autor, Investor und Vorstandsmitglied von Google sowie Mitglied im Vorstand der Obama-Foundation, in seinem Bestseller „Measure what matters“[16]. Doerr entwickelte und etablierte das System gemeinsam mit Andy Grove, dem ehemaligen CEO von Intel, und führte es dort ein. 1999 folgte Google.

„OKR ist ein Geschenk für jede Führungskraft, die sich ein transparentes, verantwortungsvolles und effektives Team wünscht. Es fördert die Art von großen, mutigen Gedanken, die eine Organisation verändern können.“

John Chambers, Executive Chairman von Cisco Systems Inc.

OKR hat zahlreiche Fans und es werden immer mehr: „OKR ist ein Geschenk für jede Führungskraft, die sich ein transparentes, verantwortungsvolles und effektives Team wünscht. Es fördert die Art von großen, mutigen Gedanken, die eine Organisation verändern können“, resümiert John Chambers, Executive Chairman von Cisco Systems.[17] Das OKR-Framework ist flexibel und transparent. Es gibt kein offizielles Manifest und Unternehmenslenker sollten es im Idealfall an ihre Kultur anpassen. Mit OKR geht ein Kulturwandel einher. Daher ist es ratsam, spezielle Berater zu engagieren, die den Prozess und die Umsetzung einer OKR-basierten Führung im Unternehmen unterstützen und die Mitarbeiter auf die neue Bewertungsmethodik einstimmen. Mit OKR haben Mitarbeiter auch die Chance, ihr Können und Streben sichtbar zu dokumentieren und damit ihr Aufgabengebiet interessanter zu gestalten.

Wenn Einzelne mehr Entscheidungsbefugnis haben, werden sie sich nicht nur stärker für das Gelingen ihrer Maßnahmen einsetzen, sondern sie werden auch die Chancen, die sich durch einen Erfolg ergeben, in den Vordergrund rücken. So gehen Mitarbeiter positiv und zielstrebig mit Aufgaben und Verantwortungen um und motivieren andere. Jeder Mitarbeiter erhält mehr Bedeutung und Ansehen – er ist aber auch gefordert, diese Kultur mitzutragen und zu stützen. Teams werden zu Speakern, zu Influencern, zu Botschaftern. Noch viel wichtiger ist jedoch: Sie werden „Zuhörer". Sie haben ein offenes Ohr für Stakeholder und entwickeln ein Gespür für Relevanz. Ihr Wissen teilen sie und da in der kommunikativen Organisation die Vernetzung aller einen hohen Stellenwert einnimmt, geben sie wichtige Informationen an die CINCO, die zentrale Wissens- und Informationseinheit, weiter. Die Leiter dieser Einheit lenken relevante Informationen schnell und ohne Umwege in die entsprechenden Bahnen.

HR denkt als P&C neu

Mit einem neuen Führungsstil und überhaupt einer innovativen Art der Zusammenarbeit in der Communicative Organization bekommt auch Human Resources eine andere Bedeutung. Der Bereich soll nicht mehr nur eine Verwaltungs- und Recruitingstelle sein, sondern die Mitarbeiterzentrierung verantworten und in Zusammenarbeit mit den Teams eine entsprechende Kultur entwickeln und pflegen. Im Idealfall hat sich dieser Bereich nicht nur in „People & Culture" umbenannt, sondern wird auch sein Wirkungsfeld entsprechend entfalten. Dazu gehört vor allem die Kommunikation. Es kann nicht sein, dass dieser Cluster für die kulturelle Entwicklung einer Organisation zuständig ist, die interne Kommunikation aber von Corporate Communications gemanagt wird. Das ist heute gängige Praxis und ein Widerspruch in sich.

People & Culture braucht eine Verbindung zu allen Mitarbeitern – ungefiltert, glaubwürdig und empathisch. Das Team muss in einen aktiven Dialog mit den Mitarbeitern treten und gemeinsam Kultur und Arbeitsbedingungen definieren. Transparenz und gute Erreichbarkeit sind dabei ebenso wichtig wie Empathie und Vertrauen sowie die Förderung und Weiterqualifizierung. Interne Kommunikation darf in einer kommunikativ geführten Organisation nicht auf der Zweitverwertung von Corporate Messages basieren, sondern muss priorisiert und einzigartig sein. Die Employee-Journey ist zukünftig überlebenswichtig für Organisationen, spätestens wenn aufgrund des demografischen Wandels nicht mehr genügend qualifizierte Arbeitskräfte am Markt verfügbar sind. Deshalb sind schon heute Wertschätzung und Mitarbeiterbindung unverzichtbar. Diese positive Erfahrung müssen Mitarbeiter täglich machen. Dazu kommt es auf authentische und glaubwürdige Kommunikation sowie ein relevantes Themensetting an. Genau das leistet die Communicative Organization durch die Einbindung und zentrale Vernetzung von P&C.

Die Communicative Organization macht Leistungen und Kompetenzen einzelner sichtbar und bietet vielfältige Entwicklungsmöglichkeiten. „Unternehmen erkennen zunehmend die Bedeutung der Höherqualifizierung, schöpfen aber noch nicht das volle Potenzial ihrer Investitionen aus. Um erfolgreich zu sein, müssen die Abteilungen für Personalwesen sowie für Lernen und Entwicklung eine führende Rolle übernehmen und das Thema Neu- und Weiterqualifizierung in den Vordergrund rücken“, empfiehlt die Unternehmensberatung Deloitte in ihrem „Global Human Capital Trends Report 2019“.[18] 86 Prozent der mehr als 10 000 Befragten aus 119 Ländern gaben an, dass die Mitarbeiterbildung auf eine neue Art und Weise erfolgen müsse. Doch nur 10 Prozent der Unternehmen seien darauf vorbereitet.

„Die zunehmende Robotik und Automatisierung sind nicht die einzigen Faktoren, die Unternehmen dazu zwingen, die Qualifikation ihrer Mitarbeiter in großem Umfang zu überdenken. Demografische Veränderungen wie die Beschäftigung von fünf Generationen von Arbeitnehmern, die Gig-Workforce und die 50+Karriere erfordern ein grundlegendes Überdenken der Art und Weise, wie die gewünschten Fähigkeiten im Unternehmen beschafft, entwickelt und gefördert werden“, resümieren die Unternehmensberater und kommen zu dem Schluss: „Im Zeitalter der Technologie werden die Menschen das maßgebliche Unterscheidungsmerkmal sein.“ In der Communicative Organization erfahren Mitarbeiter

„Im Zeitalter der Technologie werden die Menschen das maßgebliche Unterscheidungsmerkmal sein."
Aus dem Deloitte Global Human Capital Trends Report 2019

genau diese Wertschätzung und werden entsprechend behandelt. Die Digitalisierung sorgt für immer schneller fortschreitende Automation und Effizienz. Vertrauen hat aber mehr Facetten als 0 oder 1. Solange das nicht automatisch generiert und aufrechterhalten werden kann, hat der Mensch in der Kommunikation einen entscheidenden Vorteil. Eine vertrauensvolle, authentische und glaubwürdige Customer-Experience ist ohne Menschen nicht denkbar.

Erst Involvement, dann Engagement

Remote Work und vor allem hybrides Arbeiten stellen Führungskräfte vor besondere Anforderungen. Es kommt auf die Einbindung der Mitarbeiter und eine lückenlose Kommunikation an. Wer daran Spaß und Freude hat, wird sich als Leader in der Communicative Organization wohlfühlen. Steve Denning, Autor und Executive-Leadership-Berater, schreibt dazu in einem Artikel für die Zeitschrift „Forbes": „Die Beherrschung von Führung und Management des 21. Jahrhunderts verlangt Mut und ist für diejenigen, die etwas Aufregendes und Sinnvolles erreichen wollen, diejenigen, die bereit sind, alles zu tun, was notwendig ist, damit Kunden begeistert sind und kreative Arbeitsplätze zur Norm werden."[19]

In der Führung kommt es auf die permanente und ungeschönte Kommunikation und die Einbindung in Entwicklungen an. Mitarbeiter können durchaus mit kritischen Themen umgehen und Herausforderungen annehmen, sie brauchen jedoch eine Einschätzung des Leaders, statt selbst zu interpretieren. „Führung erfordert gute kommunikative Fähigkeiten. Also, frischen Sie Ihre Art auf, mit anderen zu sprechen. Machen Sie es besser!" Das forderte bereits vor Jahren Apple-Gründer und Ex-CEO Steve Jobs.[20]

Kommunikation in Bruchstücken, die berühmte Salamitaktik, ist ein klassisches Fehlverhalten. Teams, die auf diese Weise informiert werden, fühlen sich verunsichert und nicht vertrauenswürdig und können keine fundierten Entscheidungen treffen. Die Führungskraft büßt Glaubwürdigkeit und Vertrauen ein. Zudem ist die Wahrscheinlichkeit groß, dass Mitarbeiter diese Lücken mit eigenen Annahmen füllen. Mit unerwünschten Folgen: Die Gerüchteküche beginnt zu brodeln, der Flurfunk geht auf Sendung, Fake News machen die Runde. Um das zu verhindern, müssen Leader die Mitarbeiter beständig informieren und den Mut haben, sie auch in Pläne einzuweihen.

> „Führung erfordert gute kommunikative Fähigkeiten. Also, frischen Sie Ihre Art auf, mit anderen zu sprechen. Machen Sie es besser!"
>
> *Steve Jobs, Gründer und Ex-CEO von Apple*

In der Communicative Organization müssen sie beherzt etwas von ihrer Autonomie abgeben. Vorbildliche Führungskräfte halten sich nicht länger für unentbehrlich; sie machen Platz für ihre Teammitglieder, damit deren Fähigkeiten sichtbar werden und komplexe Aufgaben nicht nur auf den Schultern weniger Leader lasten, sondern gemeinsam gelöst werden. Eine gute Führungskraft hat ein Team, dessen Mitglieder in einzelnen Disziplinen besser sind als sie selbst. Sie scheut nicht die Konkurrenz, sondern fördert Qualifikation, Evolution und Motivation. Der Autor und Berater Simon Sinek hat den Führungsstil der Communicative Organization sehr treffend beschrieben: „Ein Chef hat den Titel, ein Leader hat die Menschen."[21]

Diese Qualifikationen und Skills braucht ein CCO

Manager, die den Schritt zur Communicative Organization wagen, brauchen ein starkes Führungsteam. Neben klassischen Funktionen spielt der Chief Communications Officer eine tragende Rolle. Wir haben Ulrich Schuhmann, Geschäftsführer und Gründer der auf Kommunikationsberufe spezialisierten Schuhmann Personalberatung, um eine Auflistung von Skills gebeten, die ein CCO für eine Communicative Organization mitbringen sollte.

„Um vom Kommunikationschef alten Zuschnitts zum modernen CCO zu werden, bedarf es einer umfassenden Teilhabe an Informationen und eines entsprechenden Handlungs- und Einflussrahmens. Ob das oberste Management diesen zugesteht, hängt maßgeblich vom Zutrauen in die Qualifikation des CCO ab", schickt Schuhmann vorweg.

Der moderne CCO...

... besitzt und vermittelt Glaubwürdigkeit.
... treibt Digitalisierung und Kollaboration voran.
... versteht Big Data und kann es nutzenstiftend einsetzen.
... begleitet den Prozess der Willensbildung im relevanten politischen Umfeld.
... verantwortet die Corporate Brand.
... hütet ganzheitlich die Reputation, auch mit Blick auf Produkte und alle Touchpoints.
... überzeugt mit ESG-Kommunikation.
... hat Verständnis für Zahlen, weil er damit seinen Beitrag zum Unternehmenserfolg nachweisen kann.
... hat keine Angst vor der Frage nach dem konkreten Nutzen seines Tuns.
... zeigt ein extrem breites Interesse an wirtschaftlichen, gesellschaftlichen, soziologischen, technologischen und politischen Themen und Entwicklungen.
... bringt viel Empathie, Menschenfreundlichkeit und ehrliches Interesse mit, um trotz seiner Rolle im Vorstand weiterhin als Teil der Mannschaft akzeptiert zu werden.

... besitzt Verständnis für die Unternehmensziele und agiert als Fürsprecher oder Vermittler zwischen Management und Teams.
... behält immer den Blick für das große Ganze und verliert sich bei der operativen Umsetzung nicht im Klein-Klein.
... kann den Markt seines Arbeitgebers im Hinblick auf zukünftige Entwicklungen gut einschätzen.
... leistet seinen Beitrag zur Unternehmensstrategie und kann diese ganzheitlich kommunizieren.
... besitzt das erforderliche Maß an Souveränität, um im Führungskreis Akzeptanz zu erwerben.
... schafft es, Kommunikationsziele durch alle Funktionsbereiche mit Überzeugung und nicht nur durch Schulterklappen durch- und umzusetzen.
... muss bei börsennotierten Unternehmen ein gutes Verständnis für die Belange des Kapitalmarkts mitbringen.
... hat tiefes Verständnis für alles, was eine Marke ausmacht.
... muss viele Qualifikationen eines CMO vereinen, wenn durch den CCO dessen Rolle neu definiert werden muss.
... muss pragmatisch und hierarchiefrei denken können.
... hat Lust, in ausgeprägt agilen Strukturen zu arbeiten.

Kapitel 6

Roadmap in die Newlands

Der hohe Wert von Kommunikation für Unternehmen ist bis hierher sehr deutlich geworden. Wer die Communicative Organization einführen will, braucht ein offenes Mindset für Digitalisierung, eine klare Haltung, ein Bekenntnis zu Werten und transparenter Unternehmenskultur. Jetzt geht es um die Umsetzung. Um die eigene Roadmap in die digitale Zukunft.

Wir können dem CEO, seinem Board, den Eigentümern und Anteilseignern und dem Aufsichtsrat den Schritt zu dieser Entscheidung nicht abnehmen. Aber wir zeigen den Weg auf und senken damit die Eintrittsschwelle zur Communicative Organization. Nie war die Chance für einen Aufbruch so groß und die Haltung in der Gesellschaft gegenüber radikalen Veränderungen so offen wie jetzt. Um es mit einem Werbespruch zu pointieren: „Just do it" – like Nike. Ganz klar: Die Communicative Organization ist die pure Disruption und der erste Schritt wie ein weißes Blatt Papier, auf dem der CEO und mit ihm sein vertrauter engster Führungskreis alle Aspekte des Unternehmens neu denken und skizzieren müssen. Das Ziel: die digitalen Newlands.

Der erste Blick muss sich auf die Stakeholder richten. Bereits jetzt setzen CEOs auf ein umfassendes Stakeholder-Management. Dieser Austausch gewinnt nun eine weitaus höhere Bedeutung, da es immer mehr auf Verständnis und Akzeptanz ankommt. Statt radikale Töne anzuschlagen, geht es zukünftig darum, den Ausgleich zu suchen und selbst die Rolle des Moderators einzunehmen – und eventuell sogar sein eigenes Thought Leadership auszuspielen, um als innovativer Vordenker oben auf der Meinungswelle zu surfen.

Joachim Wenning, Vorstandsvorsitzender des Rückversicherers Munich RE, sagte dazu in der bereits erwähnten Bain & Company-Studie: „Das klassische Stakeholder-Dreieck aus Kunde, Aktionär und Beschäftigten ist zum Vieleck geworden. Es geht nicht darum, das Maximum für einen Stakeholder zu erreichen, sondern eine gute Balance."[1] Die Communicative Organization bietet dafür die beste Basis, weil sie durch ihre Vernetzung und die CINCO die Touchpoints sichtbar macht und das Wissen aggregiert zur Verfügung stellt, um eben diese Balance zu schaffen – und das in Echtzeit, umfassend und je nach Grad der eingesetzten Künstlichen Intelligenz sofort mit Reaktionsempfehlungen auf Basis der definierten Strategie. Jeder Mitarbeiter im Unternehmen mit Kontakt zum Stakeholder wird zur Kommunikation befähigt.

> „Das klassische Stakeholder-Dreieck aus Kunde, Aktionär und Beschäftigten ist zum Vieleck geworden."
> *Joachim Wenning, Vorstandsvorsitzender des Rückversicherers Munich RE*

CEO-Typologie

Der zweite Blick geht in den Spiegel. Wie führen digital fitte CEOs in Zukunft? Sehen sie sich als Action Leader und fühlen sich zum Beispiel für den gesellschaftlichen Wandel zur Nachhaltigkeit zuständig, dann müssen sie mit ihrem Unternehmen einen Handlungsimpuls setzen, statt nur intern still umzubauen. In dem von John Adair entwickelten Führungsmodell des Action-centered Leadership geht es neben der reinen Steuerungsaufgabe um den Aufbau und das Management des Teams sowie die Förderung des einzelnen Mitarbeiters. Diese Bandbreite erfordert Effizienz und Effektivität. Die entscheidende Verbindung ist der Dialog. Spätestens wenn Strategie und Prozesse geändert werden, braucht es eine hohe Flexibilität aller Beteiligten, die ohne Kommunikation nicht zu leisten ist.

Lucien Alziari, Executive Vice President und Chief Human Resources Officer des Versicherers und Finanzdienstleisters Prudential Financial in New York, war bereits mehrfach an der Auswahl von CEOs beteiligt und ist der Meinung, dass viele Boards das Thema Kommunikation vernachlässigen. Im Interview mit dem „Harvard Business Manager" sagt er im Februar 2022: „Mir scheint es wichtiger denn je, dass ein CEO in der Lage ist, sein Unternehmen wirksam in der Öffentlichkeit zu vertreten. CEOs sind die Stimme des Unternehmens, sie müssen Stellung beziehen – etwa dann, wenn es um soziale, gesellschaftliche oder heikle politische Themen geht." Alziari weiß, was einen guten CEO ausmacht: „Es muss ihm gelingen, die Belegschaft des Unternehmens hinter sich zu vereinen und die vielen anderen Interessengruppen zu überzeugen." Es sei egal, welche Position er habe, bevor er CEO werde, aber „ohne herausragende Kompetenz auf dem Gebiet der Kommunikation wird er diese Aufgaben kaum erfolgreich bewältigen können. Mindestens genauso wichtig ist allerdings noch eine weitere Eigenschaft, die ein CEO unbedingt mitbringen muss: Empathie."[2]

Versteht sich der CEO als Driver, steuert er die Umsetzung der Strategie und motiviert seine Teams zu möglichst hoher Transformationsgeschwindigkeit. Dieser CEO muss nah an den Stakeholdern sein, um Irritationen oder Blockaden frühzeitig wahrzunehmen und umsteuern zu können. Sein Dashboard in der CINCO liefert ihm alle relevanten Daten und Analysen, der CCO als Berater hilft ihm, die richtigen Themen, Kanäle und Worte zu finden, Risiken frühzeitig wahrzunehmen.

Social CEOs sehen sich eher in der Rolle des Kommunikators, der Challenges selbst ausprobiert, erklärt und eigene Themen auf die Agenda setzt. Sein Kommunikationsverhalten ist transparent und ermöglicht es den Stakeholdern, Strategie, Ziele, Maßnahmen und Ergebnisse schnell und umfassend zu verstehen und gegebenenfalls darauf zu reagieren. Er nutzt Social Media intensiv, weckt Verständnis, kann emotional werden und bringt die Menschen vom Denken zum Handeln. Dieser Typ Leader wird sich in der Communicative Organization wohlfühlen und die CINCO als perfekte Klaviatur begrüßen, auf der er virtuos seine Social-Media-Melodie spielen kann.

Der dritte Typus Leader, der als smarter CEO für die Communicative Organization geeignet ist, beherrscht die leisen Töne und vor allem das Zuhören. Er steuert über Motivation, überzeugt mit Argumenten, schenkt seinen Mitarbeitern Vertrauen und hat das Listening verinnerlicht. Damit bringt er wesentliche Elemente einer modernen Führung und für das Gelingen einer Transformation mit. Er lenkt und orchestriert zwar von vorne, fühlt sich aber in der Mitte des Unternehmens zu Hause, lässt fachlich herausragende Experten neben sich agieren und managt mit Leidenschaft, weil ihm das Unternehmen und seine Menschen am Herzen liegen. Auch sein Platz ist in der Communicative Organization sicher. Die CINCO vernetzt ihn, lässt ihn zuhören und der direkte Dialog mit jedem Mitarbeiter schafft die gewünschte Nähe und gibt die Rückmeldung, mit der dieser Typ CEO führen will. Über sein Dashboard hört er in Echtzeit den Herzschlag des Unternehmens und nutzt den Dialog als Impulsgeber. Er gibt seinen Mitarbeitern die richtigen Hinweise und führt sie so zu neuen, unbekannten Ufern.

Wer sich in dieser Typologie wiederfindet, geht den nächsten Schritt und richtet seinen Blick auf die eigene Positionierung in einer Communicative Organization. Der CEO bleibt immer an der Spitze, wandert aber funktional vom obersten Stockwerk in die Mitte des Unternehmens, im besten Fall auch räumlich. Warum nicht den Mitarbeitern die höchste Etage als Chill-out-Zone mit bester Aussicht gönnen? So kann eine entspannte Mittagspause in ein deutlich gestiegenes Engagement und produktive Ideen am Nachmittag münden. Warmes Herz statt kalter Schaltzentrale – das kommt den Gen-Z-Managern und explizit nachfolgenden Generationen entgegen, die Beruf, Leben und Glück verbinden wollen.

Die Leader im Nukleus der Communicative Organization arbeiten selbst agil und führen als Vorbild, Mentor und Sparringspartner. Denn mit der Transformation werden sich für alle Teams Lern-, Arbeits- und Lebensweise massiv verändern. Kommunikation wird durch die CINCO ein wichtiger und beständiger Teil des Tagesablaufs sein. Die Mitarbeiter werden diese Veränderung sofort sehen und spüren, weil sie so grundlegend ist. Und man wird, anders als in gewohnten Strukturen, schnell darüber reden, was funktioniert und wo es vielleicht noch Pain- oder Gain-Points gibt. Mit einer offenen Fehlerkultur und einem echten Teamgeist formt und steuert der CEO das Unternehmen. Der Treibstoff dafür ist der Dialog, der alles beschleunigt.

Ready for Take-off

Nun stellt sich die Frage, ob das Unternehmen einer derart grundlegenden Veränderung gewachsen ist. Niemand kennt das Setup und die Kondition eines Unternehmens besser als die C-Suite. Die gute Nachricht, vor allem für den Führungsnachwuchs oder die nachwachsende Unternehmergeneration: Die Communicative Organization ist frei skalierbar und kann in allen Organisationsformen – vom kleinen Start-up bis zum globalen Multi-Branchen-Konzern – umgesetzt werden. Die

Kosten für die Umstellung sind kalkulierbar und wer seine Führung kommunikativ basiert neu aufsetzt, wird auch die Chance sehen, bisher als selbstverständlich definierte Bereiche neu zu bewerten und kostengünstig aufstellen oder sogar ersetzen zu können.

Doch es erfordert Mut und die Bereitschaft aller, den Change zu wagen. Bereits heute ist beispielsweise mit Low-Code-Prozessen der effektive Wechsel von analogen zu digitalen Prozessen ohne das gefürchtete Risiko eines Betriebsstillstands möglich. „Digitalisierung ist Zukunftssicherung für Unternehmen und kein Modetrend", sagt Dr. Reinhold Bareiß, CEO von Eagle Peak. „Die Umstellung von 0 auf 1 beginnt zunächst ohne IT, im Kopf, mit einem klaren Plan und einer intelligenten Strategie. Heute muss kein Unternehmen mehr jahrelange Programmierprozesse in Kauf nehmen, sondern kann in kürzester Zeit auf einer Low-Code-Plattform durchgängig digital fit werden."[3]

Die Communicative Organization liefert mehr als einen willkommenen Anlass, aus einem schlechten analogen in einen optimalen digitalen Prozess zu switchen. Warum sollen Unternehmen für eine Software, ihre Anpassung und spätere Wartung sowie Sicherheitsupdates permanent hohe Summen zahlen, wenn längst eine innovative und zukunftsgerichtete Möglichkeit besteht, sich ohne Risiko, schnell und unkompliziert zu digitalisieren? Spätestens dann werden auch alle Aufseher und Aktionäre zustimmen. Damit verliert die Disruption ihren Schrecken und die Communicative Organization ermöglicht es dem Unternehmer oder CEO, seine Organisation bequem und flexibel mit einem Cockpit auch in neue, unbekannte Galaxien zu führen.

> „Heute muss kein Unternehmen mehr jahrelange Programmierprozesse in Kauf nehmen, sondern kann in kürzester Zeit auf einer Low-Code-Plattform durchgängig digital fit werden."
> *Dr. Reinhold Bareiß, CEO Eagle Peak*

Ist die Entscheidung des CEO und seines Teams für den Weg zur Communicative Organization gefallen, geht es nun darum, die Zustimmung von Aufsehern und Anteilseignern zu erhalten. Da die Veränderungen bis in die kleinsten Bereiche des Unternehmens wirken, ist eine robuste und dauerhafte Rückendeckung unbedingt erforderlich. Es kommt auf das unumstößliche Commitment an. Idealerweise sind die Aufseher und Anteilseigner selbst Leader, die den digitalen Quantensprung als Zukunftssicherung sehen. Denn die Communicative Organization verändert Managementansatz, Aufbauorganisation und Prozesssteuerung. Dafür braucht es CEOs und Leader mit einem offenen Mindset und all den wichtigen kommunikativen Fähigkeiten – oder Menschen, die den Mut haben, das alles zu lernen.

Noch sind keine Investments außer dem Vordenken getätigt worden, nun geht es an das konkrete Neudenken und mutige Handeln. Im Brainstorming müssen der CEO und sein engstes Team das neue Geschäftsmodell entwerfen und die Chancen der Communicative Organization integrieren. Jedes Unternehmen hat seine eigenen Newlands. Es ist erstaunlich, wie schnell manchmal bei Kreativprozessen längst vorhandene Ideen und Ansätze jenseits des Tellerrands sprudeln, wenn man dem Denken einfach freien Lauf lässt. Nur wer zum Beispiel ein Auto als Teil der Mobilität sieht und nicht mehr als persönliches Statussymbol, wird ein Autoabonnement erfinden können. Der entscheidende Schritt besteht hier in der Loslösung von tradierten Fortbewegungsszenarien. Die Gen Z ist der Wegweiser. Schwerelose Gedanken sind frei und haben viel Strahlkraft bei der Umsetzung. Nicht Produkte, sondern ihre Wirkung werden gekauft.

Science-Fiction wird Realität

Auf dem weißen Blatt steht jetzt die Skizze der kommunikativen Organisation auf höchstem Digitalisierungsniveau. Nun sind Strategie und Konzept dran. Die Führung wird direkter und persönlicher und basiert noch stärker als bisher auf Daten in Echtzeit. Langfristig relevant bleibt der einzige Aspekt, der Künstliche Intelligenz vom Menschen unterscheidet: die Fähigkeit zur Empathie, zu emotional basierten Entscheidungen – also letztendlich die Menschlichkeit, nach der selbst Androiden in Science-Fiction-Filmen streben.

Nicht zufällig war „Data“ der Name des Androiden in der legendären Weltraumserie „Star Trek – Next Generation“. Die Organisation des Raumschiffs Enterprise und der Crew rund um Captain Picard, den intellektuellen, kulturbegeisterten, selbstkritischen Strategen, und seinen körperlich präsenten, leidenschaftlichen und mutigen Ersten Offizier William T. Riker erinnert in der Tat stark an eine Communicative Organization. Die Raumschiffbrücke mit maritimem Charakter gleicht dem zentralen Nukleus. Star-Trek-Produzent Gene Roddenberry hatte schon früh die Vision einer kommunikativ gesteuerten Organisation und schuf den legendären „Communicator". Mit diesem Device an den Uniformen konnte jeder mit jedem durch eine Berührung des Sprachmoduls Dialoge beginnen und Informationen abrufen. Das entspricht dem Gedanken der Communicative Organization, den ungefilterten und unmittelbaren Dialog zwischen allen Mitarbeitern zu ermöglichen. Jeder soll mit jedem kommunizieren, egal ob privat oder beruflich, und jeder hat eine klare Identität, die seinen Dialog nachvollziehbar und damit verantwortlich macht.

Über den zentralen Bildschirm auf der Brücke der Enterprise sind alle Offiziere an entscheidenden Punkten involviert und haben über den via Voice-Computing aktivierbaren Zentralcomputer Einblick in das gesamte Wissen des Schiffs. Sie können auch das Wissen der Flotte abfragen oder neu gesammeltes Wissen zur Flotte übermitteln. Das Äquivalent der CINCO ist das LCARS – Library Computer Access and Retrieval System. Es managt das Wissen und es kann an jedem Interface, also dem Arbeitsplatz der Brückenoffiziere, bedient werden. Zentrale Zugangscodes für Krisensituationen gibt es nur am Interface des Captains und des Ersten Offiziers, die Codes sind durch zweifache Authentifizierung geschützt. Das zentrale Kommando kann in jeden Teil des Schiffes verlagert werden, da ist die Enterprise so flexibel wie die Communicative Organization.

Die Dashboards heißen PADD – Personal Access Display Device – und jeder an Bord hat sein eigenes zur Verfügung. Aktiv meldet der Computer Zustand und Funktionsfähigkeit jeder noch so kleinsten Schraube an die Brücke. Letzte Warnstufe ist der Verlust der strukturellen Integrität, was einer unternehmerischen Insolvenz gleichkäme. Die Meinung der Experten, die eine Abteilung führen, überzeugt sogar den Captain, auch wenn er in brenzligen Situationen allein entscheiden muss. Über allem schwebt die Direktive der Flotte, die mit einem ESG-Wertekanon vergleichbar ist. In der Serie liegt der Fokus auf dem Kennenlernen neuer, fremder Kulturen, in die sich die Weltraumforscher keinesfalls einmischen dürfen, um sie nicht aus dem Gleichgewicht zu bringen – eine Konsequenz aus den Erfahrungen mit der Kolonialisierung auf der Erde. Sonst ist alles möglich, um neue Welten zu entdecken, zu lernen und für die Zukunft der Menschheit zu nutzen.

Mit diesem Bild im Kopf wird die Vorbereitung auf die Transformation zur Communicative Organization greifbarer. Wir wissen ja, dass innovative Manager „Future-Back“ denken, also vom Ende her. Die nächsten Schritte lassen sich einfach beschreiben.

7 Schritte zu den Newlands

Schritt 1: Governance als Ordnungsrahmen

Jedes Konzept und jede Strategie braucht vor der Umsetzung einen Rahmen. Wer sich bereits mit dem Thema Governance beschäftigt oder sie umgesetzt hat, ist den ersten Schritt schon gegangen. Ziele sind nur stringent zu erreichen, wenn eine Organisation ihren Ordnungsrahmen permanent überwachen und flexibel nachsteuern kann. Visionen, Strategien und Ziele werden auf Board-Ebene definiert, um die Richtung vorzugeben und einzuschlagen. Doch was passiert, wenn wie beim Update von Windows 10 auf Windows 11 erst die Fähigkeit geklärt werden muss, ob das System den neuen Weg überhaupt einschlagen kann? Wenn schon die Umsetzbarkeit die erste Hürde darstellt? Die Communicative Organization ist für jedes Unternehmen, ob groß oder klein, eine reale Option. Die Schlagkraft der CINCO ist allerdings abhängig von verschiedenen Faktoren, die genauer beleuchtet werden sollten.

Schritt 2: Organisatorische Resilienz

Es beginnt mit der grundlegenden Forderung, die heute fast jeder Chief Information Officer stellt: Digitalität und Agilität benötigen eine hohe organisatorische Resilienz. Innovative und insbesondere digitalisierte Unternehmen müssen in der Lage sein, den Wandel in ihrem Ökosystem vorherzusehen und hochflexibel zu reagieren. Je komplexer und dynamischer die Veränderung ist, desto massiver muss das Umsteuern sein, um Existenz und Wachstum des Unternehmens jederzeit abzusichern.

Die deutsche Autoindustrie hat lange gebraucht, um den Change zur Elektromobilität zu akzeptieren und sich komplett neu auszurichten. Das enge Thema „individuelles Auto“ wurde plötzlich weit als „vernetzte Mobilität“ betrachtet. Nach diesem gedanklichen Paradigmenwechsel scheint die Zukunft von VW und Co wieder etwas stabiler zu sein. Alles ist möglich: Vielleicht gewinnt Elon Musk am Ende doch oder ein chinesischer Staatskonzern wird wie in anderen Branchen einfach die Marktführer kaufen oder wertvolles Know-how abgreifen und den deutschen Champion ausboten. Oder jemand setzt ganz vorne in der Wertschöpfungskette an und sichert sich das Monopol auf die essenziellen, meist knappen Ressourcen wie zum Beispiel seltene Erden.

Wer die Frage nach der eigenen Resilienz vor der Entscheidung für die Communicative Organization mit Ja beantwortet, kann an den Start gehen. Der CEO muss dazu mit dem COO und den zentralen Experten die Grundaufstellung des Unternehmens kritisch hinterfragen und eine Projektion der Zukunft wagen. Übrigens lohnt es sich, parallel auch die Frage nach der physischen und mentalen Resilienz der Führung zu stellen, denn diese Transformation wird ihr zunächst einiges abverlangen.

Schritt 3: IT-Ressourcen prüfen und sicherstellen

Wer den Impact des bereits heftig tobenden „War for Talents" auf das eigene Business noch immer nicht verstanden hat, muss nur auf die Suche nach IT-Experten gehen. Künstliche Intelligenz und ihre Anwendungsmöglichkeiten wären so vielfältig und produktiv, wenn man genug Menschen finden würde, die damit umgehen und die fast unendlichen Möglichkeiten skalierend nutzen könnten. Das Problem: Entweder wurden sie nie geboren oder sie sind gerade erst in der Ausbildung, was zumindest für die Zukunft Hoffnung gibt.

Nicht umsonst beträgt einer globalen Studie der The Economist Intelligence Unit unter CIOs zufolge der „durchschnittliche Rückstand von IT-Projekten drei bis 12 Monate und die Verantwortlichen monieren, dass trotz der Beschleunigung durch Covid-19 das langsame Wachstum der IT-Budgets die Fähigkeit, Geschäftsprozesse zu digitalisieren, sich zunehmend verschlechtert".[4] Die einmalige Umstellung auf die zentral und digital gesteuerte Communicative Organization ist ein steiler Pfad, der Quantensprung in eine neue Dimension. Sind die dafür notwendigen Ressourcen gesichert, kann der nächste Schritt der Vorbereitung erfolgen. Der CIO ist deshalb der wichtigste Ansprechpartner des CEO, um die IT-Ressourcen für die Communicative Organization so zu planen, dass der Betrieb der CINCO und vor allem das Wachstum des Wissens langfristig gesichert sind. Je nach Größe des Betriebes wird die IT-Kalkulation also überschaubar bis hochkomplex.

Vorsicht: Künstliche Intelligenz wird von Dienstleistern, selbst reinen Kommunikationsagenturen, leider gerne als Buzzword benutzt. Entweder um Digitalisierung vorzugaukeln, wo man eigentlich nur Aufträge generieren will. Oder um Unternehmer in eine Abhängigkeit des standardisierten IT-Universums zu führen, wo sich beständig Einnahmen über Zubehör, Modulation, Updates und Wartung erzielen lassen. Steve Jobs hat das erfolgreich mit allen Apple-Usern gemacht und ihnen zudem das gute Gefühl gegeben, ein Trendsetter in Sachen Design zu sein. Bei der Communicative Organization sind wirklich innovativ aufgestellte Partner und mit Künstlicher Intelligenz vertraute IT-Experten gefragt, die Entwicklungs- und Anwendungserfahrung haben.

Schritt 4: Daten und ihr Schutz

Die Communicative Organization und vor allem die CINCO verlangen eine absolut sichere IT-Basis mit flexibel skalierbaren Server- und Speicherressourcen. Die stete Verfügbarkeit für alle ist die Grundvoraussetzung – eine Herausforderung, die einer umfassenden und zukunftsfähigen Lösung bedarf. Erfahrungsgemäß wächst alle 10 bis 15 Jahre die Leistungsfähigkeit realer Computer um eine Größenordnung. Das ist zwar teuer, wird aber als Investition in die Zukunft schnell rentabel, denn durch die Vernetzung und höhere Kommunikationsfrequenz werden Arbeitsprozesse beschleunigt, Abstimmungsprozesse wegfallen und Entscheidungen digitalisiert. Quantencomputer könnten diese Ära der Superrechner einläuten und die Kommunikation der Communicative Organization in Echtzeit spielend erledigen. Zwar liegt ein standardisierter Quantencomputer noch in weiter Ferne, aber die hochgeförderte Forschung könnte zielgerichtet auf einen „CINCO-Quantas" hinarbeiten.

Die Communicative Organization ist kein datengetriebenes Monster, das Unmengen an IT-Kapazität verschlingt. Aber sie arbeitet mit großen Datenmengen, die jederzeit gegen kriminelle Staatshacker und private IT-Betrüger verteidigt werden müssen. Die CINCO vernetzt in der Communicative Organization Menschen und ihr Wissen und hat den Auftrag das relevante Wissen permanent haltbar zu machen. Doch sie lässt auch veraltetes und nur temporär relevantes Wissen wieder los oder komprimiert es auf seinen wesentlichen Nutzen. Auch das will von IT-Experten gemanagt werden – eine Art laufende Katharsis, um altes Wissen durch neues zu ersetzen. Der Wissensspeicher wächst nicht unendlich, sondern wird bereinigt, aber allein das Zusammenführen des bestehenden Wissens an einer Stelle und die Einführung von Künstlicher Intelligenz werden sportlich.

Der Schutz der Daten muss in der Communicative Organization die Aufgabe für jeden Einzelnen sein. So wird zukünftig jeder Mitarbeiter dazu verpflichtet, seinen Computer und seine Monitore möglichst stromsparend zu nutzen (z.B. ausschalten statt Stand-by), und darüber hinaus die Daten auf seinem Dashboard bestmöglich zu schützen. Der Schlüssel dazu ist die klare Identität, die auch für die vernetzte Kommunikation über die CINCO notwendig ist.

Heute muss die Cyber-Security die Entscheidung treffen, ob mit einer lokalen Serverfarm oder mit einer Cloud-Lösung gearbeitet wird. Sie ist ein extrem wichtiger Part beim Betrieb und der Steuerung der CINCO. Auch sie muss zukünftig einen weitaus höheren Stellenwert im Unternehmen erhalten. Die Communicative Organization betrachtet die Cyber-Security als Maschinenraum, der den Schutz des betrieblichen Wissens und des Dialogs zwischen allen Stakeholdern sicherstellt und zugleich die Vernetzung des Unternehmens permanent weiterentwickelt und operativ orchestriert. Konkret: Im Nukleus sitzt bestenfalls auch der Chief Information Officer, dessen Blick nach vorne gerichtet ist, um unentdeckte Welten der Künstlichen Intelligenz zu erobern und für das Unternehmen nutzbar zu machen.

Die CINCO als neuronales Netzwerk ist flexibel in Form und Funktion, das ist ihr entscheidender Vorteil gegenüber starr programmierten Softwarelösungen, die nur ein Patchwork neuer Module zulassen. Die Communicative Organization hat auch durch ihre IT-Konfiguration einen Wettbewerbsvorteil in puncto Marke und Image.

Schritt 5: Kommunikation mit Identität

Die Voraussetzung für die Communicative Organization ist die Bereitschaft, einen Dialog mit offenem Visier zu führen und die Verantwortung zu etablieren, dass der Redner für seine Worte einsteht. Ganz nach dem französischen Dichter und Denker Voltaire, der sagte: „Mein Herr, ich teile Ihre Meinung nicht, aber ich würde mein Leben dafür einsetzen, dass Sie sie äußern dürfen."

Die Communicative Organization funktioniert nur dann, wenn die CINCO jederzeit klar erkennen kann, wer kommuniziert. Im Unternehmen gelten keine AGBs, sondern Tarif- und Arbeitsverträge sowie Grundlagen und Standards. Alle Akteure eines Unternehmens sind deshalb aufgerufen, vor der Umstellung ein gemeinschaftliches und eineindeutiges Commitment zu finden, dass der Dialog als höchste Form der Kommunikation und wertvolle Grundlage der Zusammenarbeit gesetzt ist. Ein kommunikatives „Grundgesetz" für das Unternehmen kann die Basis der Communicative Organization sein und jeder Mitarbeiter kann sich auf diese Rechte beziehen.

Doch es sind gleichzeitig Pflichten, die sich zukünftig im Arbeitsvertrag wiederfinden und jeden Mitarbeiter anhand seines Kommunikationsverhaltens als einen neuen, wichtigen Punkt der Bewertungsrange einschätzen und belohnen. Auch die Betriebsräte sind aufgerufen, die Transparenz und gesicherte Identität der Communicative Organization als Chance zu begreifen und selbst zu nutzen. Betriebsräte müssen ebenso wie der Nukleus nah am Mitarbeiter sein und zuhören, verstehen, kommunizieren und handeln.

Für den Dialog bietet die CINCO Tipps, Templates und auch kleine Nudges an, die erklären, wie man korrekt und effektiv kommuniziert. Zusätzlich läuft im Hintergrund ein Prüfprozess, der Content mit vorgegebenen Guidelines und Standards abgleicht und gegebenenfalls eine Überarbeitung des Autors anfordert. Das kann ein sympathischer Chatbot oder sogar der eigene Avatar sein, der noch mal zum Nachdenken anregt. Jeder Mitarbeiter erhält eine eigene Identität und könnte sich seinen eigenen Avatar so optimieren, dass er authentisch, aber zugleich idealisiert designt ist. Dialog ist dann am besten, wenn sich alle Beteiligten wohlfühlen und gerne kommunizieren. Da kann ein Avatar die Hemmschwelle deutlich reduzieren.

Die eindeutige Identität ist sowohl für die Einordnung, Bewertung und Vernetzung der Mitarbeiter unabdingbar als auch für die IT-Sicherheit von entscheidender Bedeutung. Nur wenn die Identität glasklar ist, wird die CINCO Input annehmen und einspeisen. Das muss intelligent gelöst und praktisch handelbar sein. Wer nur die für seine Funktion unverzichtbare Kommunikation und das notwendige Basiswissen erhalten will, wählt diese Einstellung in seiner persönlichen Identität aus. Da Kommunikation in der Communicative Organization ein wesentlicher Bestandteil der Vergütung ist, werden Kommunikationsverweigerer keine Bonuschampions werden. Das ist eine bewusste Entscheidung für die neue Kultur.

Schritt 6: Gemeinsames Verständnis von Kommunikation

Jede neue Bundesregierung schwenkt auf einen inhaltlichen Zukunftskurs ein, beispielweise für einen konsequenten Beitrag zum Klimaschutz und den stringent nachhaltigen Umgang mit den Ressourcen. Dazu braucht sie eine Legitimation (= Wahl), einen Konsens (= Koalitionsvertrag), eine Roadmap (= Regierungsprogramm) sowie ein Narrativ zur Erklärung. Die Communicative Organization braucht eine inhaltliche Direktive, einen Kompass, an dem alles ausgerichtet ist. Auf dem weißen Blatt Papier haben der CEO und sein Team den Weg vom Gestern in die Newlands entworfen und eine Mindmap gezeichnet, was neu aufgebaut werden muss und was wegfallen kann. Das ist Disruption und der Schritt in die Umsetzung der Communicative Organization. Jetzt gilt es, sie Prio für Prio mit Leben zu füllen.

- **Prio 1: Kommunikation an erste Stelle setzen.** Sowohl Menschen als auch Maschinen kommunizieren heute miteinander. 0 und 1 sind als digitale Basis im Internet of Things (IoT) angekommen: Wir bedienen unsere Autos mit der Stimme, autonomes Fahren ist möglich und wir leben in Smart Homes. Wir werden uns zukünftig weiter vernetzen und das Leben digital erleichtern. Warum machen wir das nicht auch in unserem Arbeitsalltag? Dialog ist die neue Währung und die Communicative Organization die Regierungsform. Die CINCO managt alles. Der Nukleus ist das zentrale Regierungsorgan, die Mitarbeiter sind die Botschafter und jeder Stakeholder ein gern gesehener, am besten aktiver Gast des Unternehmens.
- **Prio 2: Kompass gemeinsam erarbeiten.** Wir brauchen zur Einführung der Communicative Organization das Commitment aller Beteiligten. Arbeitnehmervertreter müssen aktiv eingebunden und ein vernetzter Akteur der CINCO sein. Mitarbeiter und auch Betriebsräte wollen mitreden, gestalten und sich engagieren. Ein gemeinsamer Prozess, an dem alle teilhaben können, ist der Königsweg. Alle Mitarbeiter und Stakeholder sollten zu

diesem Prozess eingeladen werden. Es geht darum, den Meinungsaustausch zu organisieren, Zeit und Raum zu schaffen, einen individuellen Weg in die Newlands zu entwerfen und Bilder in die Köpfe der Menschen zu zaubern. Die CINCO ist die Sonne in den Newlands, alle Beteiligten müssen sich in ihrem Licht wohlfühlen. Das Management muss alle Aspekte der Veränderung detailliert durchdenken und Pain-Points ansprechen und lösen. Manche Mitarbeiter haben vielleicht vorher in Start-ups gearbeitet; sie können ihre Erfahrungen oder eigene Tipping-Points mit eng vernetzten Unternehmen weitergeben und so andere für die Communicative Organization begeistern. Für jeden Mitarbeiter müssen die neue Rolle erklärt, das Vergütungssystem transparent gestaltet und eventuelle Zielkonflikte gelöst werden.

- **Prio 3: Konsens klar formulieren und fixieren.** Der definierte Konsens muss wie ein Grundgesetz des Unternehmens mit klarer Haltung, Ambition und der unbedingten Entschlossenheit zum Erfolg formuliert werden. Jeder erhält am Ende sein persönliches digitales „Code of Conduct"-Book mit neuem Arbeitsvertrag, seiner Identität, Anmeldedaten oder Token und eine persönliche Botschaft des CEO als Augmented Reality. Danach beginnt die Reise und jeder wird mitgenommen. Ein Unternehmen ist keine Demokratie, es müssen auch Sanktionen definiert und notfalls durchgesetzt werden. Das ist die Versicherung für die Transparenz der Communicative Organization. Die IT kann eine Cyber-Security-Schutzhülle über das Unternehmen ziehen und der Nukleus kann klare Dialogregeln aufstellen. Doch die Verantwortung für die Kommunikation und den Dialog muss bei jedem einzelnen Mitarbeiter ankommen und von ihm gelebt werden. Das ist wie mit dem Datenschutz: Jeder ist aufgefordert ihn zu beachten und anzuwenden.

Schritt 7: Echte Experten statt nur Berater engagieren

Die Umwandlung in eine Communicative Organization ist ein Kraftakt und sie ist auch für all diejenigen Neuland, die sich bereits mit dem Thema Business Intelligence befasst haben. Doch für die einzelnen Komponenten des neuen Managementansatzes gibt es Experten, die bereits fit für die digitale Zukunft sind und sofort an der Umsetzung mitarbeiten können. Eine Dienstleisteranalyse abseits bereits vorhandener Listings mit der Prüfung freier Kapazitäten ist das A und O der Vorbereitung, denn auch diese externen Mitarbeiter müssen das Zielbild der Newlands klar vor Augen haben.

Die zentrale Entscheidung betrifft zunächst den Chief Communications Officer. Sein Mindset und die Breite und Qualität seines Skill-Sets sind so entscheidend für die Neuausrichtung, dass seine Personalie vorrangig geklärt werden muss. Die Qualifikationen haben wir umrissen, jetzt muss der Abgleich mit den vorhandenen Akteuren erfolgen und notfalls konsequent gehandelt werden. Kurzstreckensprinter sind eben keine Zehnkämpfer.

Die Transformation zur Communicative Organization braucht einen internen Change-Manager. Er muss das Unternehmen kennen, verstehen und fühlen können. Und er muss das Change-Management so beherrschen, dass die Umstellung nicht nur IT-seitig glatt läuft, sondern die Veränderung wirklich ankommt und die Kultur sich wandelt. Parallel dazu sollten Juristen den rechtlichen Rahmen prüfen und freigeben.

Damit ist für den CEO und sein Team alles bereit, um die Skizze der Newlands in eine konkrete Strategie und ein Konzept zu gießen. Ein neuralgischer Punkt ist neben der IT-Security, IT-Ausstattung und dem Datenschutz auch die Umstellung der Arbeitsverträge auf die neue kommunikative Ausrichtung. Je höher die Anzahl der Mitarbeiter, desto eher empfiehlt sich eine kollektive Zustimmung über einen Tarifvertrag einzuholen. Der Betriebsrat muss zwingend nicht nur zustimmen, sondern die Vorteile der Communicative Organization erkennen und für die Mitarbeiter nutzen wollen.

Symbiose aus Individualität und Flexibilität

Mit der Einführung der CINCO und dem Dashboard als einzige Benutzeroberfläche für alle Mitarbeiter fallen Intranet, Microblog-Tools und andere Systeme weg, deren Kommunikationsaufgaben die CINCO übernimmt. Damit werden Ressourcen und auch Budgets frei, die direkt umgewidmet und genutzt werden können. Der strategische Weg in die Communicative Organization ist hoch individuell und hängt davon ab, auf welchem digitalen Level das Unternehmen spielt. Auch die aktuelle Vertrauenssituation zwischen C-Suite und Mitarbeitern ist entscheidend dafür, wo das Konzept zur Umsetzung ansetzen muss. Am Ende muss ein Kick-off stehen, der für alle das neue Mindset in Gang setzt.

Die Individualität von Organisationen und die Flexibilität der Communicative Organization müssen nun zu einer Symbiose vereint werden. Dafür gibt es kein immer gültiges Konzept und keine strategisch festgelegte Roadmap. Die Umsetzung hängt stark von Branche, Betriebsgröße, Innovationsgrad und den jeweiligen Ökosystemen der Unternehmen ab. Wir haben bei der Recherche zu diesem Buch bereits viele gute Ansätze und kreative Ideen gesehen, die in Richtung Vernetzung und Business Intelligence weisen. Doch allen war eines gemeinsam: Es fehlte die Konsequenz, ganzheitlich zu denken und radikal zu verändern.

Unseren eigenen Anspruch an Disruption haben wir zum Beispiel im Dexterity-Ansatz wiedergefunden, der Unternehmen dazu befähigt, eine flexible Haltung zu entwickeln, um, wie der Name sagt, geschickt auf jede Art von Veränderung reagieren zu können. Ab hier müssen die Kreativen und die Individualisten, die Strategen und die Macher im Unternehmen die Wertschöpfungskette betrachten und die Prozesse neu ausrichten – für Teams, die kommunizieren, kollaborieren und die Effizienz steigern.

Es gibt Coaches, die eine Disruption von Unternehmen in die Communicative Organization begleiten und die Qualifikationen und Fähigkeiten der Teammitglieder upskillen können. Die Kontakte zu solchen Experten sind über uns, die Autoren, erhältlich. Sie erinnern sich: Am Anfang dieses Buches haben wir von Mut gesprochen, den es für diesen grundlegenden Prozess braucht und der sich als Key Word durch die gesamten Kapitel zog. Wer jetzt den Weg in die Communicative Organization anstößt, beweist Mut und hat die Chance, sich als First Mover von seinen Wettbewerbern abzusetzen. Uns bleibt nur, Ihnen für diese galaktische Reise ultimative Energie und ebenso weitsichtige Crewmitglieder zu wünschen. Be next generation – explore new worlds!

ANHANG

Danke

Unser besonderer Dank gilt unseren Partnern der dfv Mediengruppe. Sönke Reimers, Sprecher der Geschäftsführung, hat durch seine Weitsicht und seinen hohen Sachverstand für Kommunikation und Führung sofort an uns geglaubt, nicht zuletzt weil wir seine eigene Vision der Zukunft in Worte fassen konnten. Caroline Schauwienold, die den Buchbereich managt, danken wir für die wertvolle Arbeit und die konstruktiven Impulse, die immer wertschätzend und inspirierend waren. Das ultimative Finish unserer Messages haben unsere Lektorin Sabine Rock sowie unsere „persönliche Chefin vom Dienst“ Martina Fehring geleistet, die nicht nur Experten ihrer Profession sind, sondern Sprache und Kommunikation ebenso leidenschaftlich nutzen wie wir. Herzlichen Dank!

Eine seltene Chance erkannt und sofort genutzt haben auch unsere Sponsoren, ohne die das Buch nicht realisiert worden wäre. Das sind Meltwater (vertreten durch Lea Manthey), Eagle Peak (vertreten durch Dr. Reinhold Bareiß), Schuhmann Personalberatung (vertreten durch Ulrich Schuhmann) und EIM Executive Interim Management (vertreten durch Dr. Thomas Schneider, Geschäftsführer und Partner). Wir haben beim Onboarding der Sponsoren großen Wert auf deren Kompetenz, Haltung und Zukunftsvisionen gelegt und empfehlen ausdrücklich die Beachtung dieser Unternehmen. Auch den Gesprächspartnern, allen voran unserer langjährig verbundenen Rechtsexpertin Tanja Irion, danken wir für entscheidende Hinweise und Ausführungen.

Unser ultimativer Dank gilt unseren Kindern, die bei der doch sehr aufwendigen Realisierung des Buches viel Verständnis zeigten, ihre ungeschönte Kritik als Generation Z einbrachten und auch manche Emotion mit uns geteilt haben.

Die Autoren

Ulrike Germann ist investigative Journalistin, Unternehmerin und als Chief Communications Officer auf die Reputation und Positionierung von Unternehmen und C-Level-Managern spezialisiert. Die Interim-Managerin wird als Expertin in Krisensituationen und Changeprozessen engagiert, ebenso zur Optimierung von modernen und effizienten Kommunikationsarchitekturen. Als Beraterin von Executives aus Politik und Wirtschaft – insbesondere aus der Bank- und Versicherungsbranche – bringt sie über ihr internationales Netzwerk Leadership- und ESG-Themen auf die Agenda, um den Change des Mindsets für Werte, Diversity, Nachhaltigkeit und Digitalisierung zu verankern.

Eberhard Seitz ist Digital Active der ersten Stunde und berät als Senior Advisor bei Kommunikation und Change. Bereits zum Berufsstart bei einem Automobilhersteller erlebte er den Kickoff der Transformation zum heute bedeutenden Global Player. Seitdem schaut er als Vordenker von Veränderung tief in die Strukturen und Prozesse von Unternehmen und bringt sie durch die Vernetzung von Business Intelligence und Kommunikation auf den Next Level. Als Chief Communications Officer einer der dynamischsten Digitalisierungsberatungen Deutschlands treibt er den digitalen Wandel von Unternehmen und ihren Führungskräften mit Warp-Speed voran.

Quellen und Anmerkungen

1 Seminar an der University of Southern California im Dezember 2021, https://careers.usc.edu/channels/identities/

Zeit für Game-Changer

1 Drucker Institute, März 2022
2 Egon Zehnder, „It starts with the CEO", Kati Najipoor-Smith, Dick Patton, Colin Douglas, Nathalie Hourihan, November 2021
3 Ebda.
4 Ebda.
5 In: „General Theory of Employment, Interest, and Money", MacMillan & Co Ltd., Januar 1936
6 Interview mit Beat Balzli und Mario Brück, WirtschaftsWoche Online, 9. November 2020
7 Herbert Diess „Herr Osterloh weiß, was er an mir hat", Interview mit Beat Balzli und Martin Seiwert, WirtschaftsWoche, 4. Dezember 2020
8 Alle Zitate in: „Kurs ändern, bevor die Party vorbei ist", Interview mit Ingmar Höhmann, Harvard Business Manager, Dezember 2018
9 Fachkräftebedarf – Statistik der Bundesagentur für Arbeit https://statistik.arbeitsagentur.de/DE/Navigation/Statistiken/Themen-im-Fokus/Fachkraeftebedarf/Fachkraeftebedarf-Nav.html, November 2021
10 Bertelsmann-Stiftung, „Fachkräftemangel in deutschen Unternehmen größer als erwartet", Dr. Susanne U. Schultz, Dr. Orkan Kösemen, Oktober 2021
11 Eigener LinkedIn-Post, Januar 2022
12 Daniel H. Pink, Drive: The Surprising Truth About What Motivates Us, Riverhead Books, April 2011

13 Auf seiner Website, Hybrides Arbeiten: Auf dem Weg in die Zwei-Klassen-Organisation? RALF H. KOMOR, September 2021
14 YouGov | „Work-Life-Blending": Privat- und Berufsleben verschmelzen zunehmend, März 2021
15 Peter Wippermann, Jens Krüger (Hrsg.), Werte-Index 2020, Kantar, Deutscher Fachverlag, Februar 2020
16 Felix Lange, „Fast drei Viertel der Berufstätigen sind im Sommerurlaub dienstlich erreichbar", Bitkom Research, 2. August 2021
17 „Von TikTok bis Black Lives Matter, wie Gen Z den Aktivismus revolutioniert" (O: From TikTok to Black Lives Matter, how Gen Z is revolutionizing activism), CBS, Juli 2020
18 Im persönlichen Gespräch mit den Autoren dieses Buches, Februar 2022
19 Bundesministerium für Umwelt, Naturschutz und nukleare Sicherheit (BMU), Referat Öffentlichkeitsarbeit, Klimaschutzplan 2020, November 2016
20 Bain & Company, Transformationsinstitut Futurist, Potsdam-Institut für Klimafolgenforschung (PIK), „Von Haltung zu Handlung", Stefan Wörner, Tobias Raffel, November 2021
21 Auf der Hauptversammlung April 2021, abrufbar unter „Investor Relations" auf der Website der Munichre.com
22 COSTING THE EARTH – CLIMATE DAMAGE COSTS AND GDP, A summary of the report produced by UCL Energy Institute for CDP, October 2020, Authors: CDP Carole Ferguson; UCL G. Andandarajah, I. Butnar, A. Calzadilla, O. Dessens; Acknowledgements: Kane Marcell, Jinxi Chen
23 Dr. Jesko Hirschfeld, „Wie der Klimawandel indirekt die deutsche Wirtschaft trifft", Umweltbundesamt, Juni 2017
24 „The Power of Capitalism", Letter to the CEOs 2022
25 zeb Consulting, „European Banking Study 2020", Dr. Dirk Holländer, Christian Schiele, Dr. Ekkehardt Bauer, 2020
26 „The Power of Capitalism", Letter to the CEOs 2018
27 „ESG-Kriterien", zu finden auf www.kfw.de
28 Russel Reynolds & United Nations, „Leadership for the Decade of Action", Lise Kingo, Clarke Murphy, Juni 2020
29 Ebda.
30 Ebda.
31 Aus der Presseinformation „Unilever celebrates 10 years of the sustainable living plan", 6. Mai 2020
32 „Die unsichtbare Hand des Marktes ist längst grün", Gastbeitrag in der Welt am Sonntag, 4. Oktober 2021
33 Im persönlichen Gespräch mit den Autoren dieses Buches, Dezember 2021

34 Rede auf der Hauptversammlung 2021, nachzulesen auf: https://presse.vonovia.de
35 Center for Corporate Reporting, „Corporate Reporting Monitor“, 2020
36 Ebda.
37 Zu finden auf www.sueddeutsche.de
38 Im persönlichen Gespräch mit den Autoren dieses Buches, Februar 2022
39 Statement aus Profil-Info, 1. März 2022
40 Auf der Hauptversammlung, Juni 2021, „SIXT gibt wieder Gas“, Rede von Erich Sixt, https://about.sixt.com/download/companies/sixt/Hauptversammlung/20210616_Sixt_HV_2021_Redemanuskript.pdf
41 Auf der Hauptversammlung im April 2021, abrufbar unter „Investor Relations“ auf der Website der Munichre.com
42 BASF-Bericht 2021, https://bericht.basf.com/2021/de/
43 Claudia Scholz, „Vanessa Cann: ‚Die Firmen haben ihre Daten noch im Aktenordner‘“, Handelsblatt, 13. Juli 2021

Communicative Organization ist pure Disruption

1 Gartner, „What type of manager are you?“, Jaime Roca, Oktober 2019
2 Ebda.
3 Ebda.
4 Bain & Company, „The Firm of the Future“, James Allen, James Root, Andrew Schwedel, April 2017
5 Nachzulesen hier: https://www.sap.com/docs/download/investors/2021/sap-2021-hv-ceo-rede.pdf
6 Ebda.
7 „Eignet sich Ihr Produkt für eine Plattformstrategie?“, Harvard Business Manager, Dezember 2017
8 Aus der Keynote der BoxWorks-Conference in San Francisco, Oktober 2015, https://www.rossross.com/blog/tag/boxworks+2015
9 Im persönlichen Gespräch mit den Autoren dieses Buches, März 2022
10 Im persönlichen Gespräch mit den Autoren dieses Buches, Dezember 2021
11 Nachzulesen hier: https://www.sap.com/docs/download/investors/2021/sap-2021-hv-ceo-rede.pdf
12 Lund University, Schweden, Swedish Association of Communication Professionals, „Communicative Organization“ (Langzeitstudie), Mats Heide, Charlotte Simonsson, Howard Nothhaft, Rickard Andersson & Sara von Platen, Januar 2019
13 Im persönlichen Gespräch mit den Autoren dieses Buches, Dezember 2021

14 Daniel P. Modaff, Sue DeWine, „Organizational Communication. Foundations, Challenges, Misunderstandings", Roxbury Publishing Company, 2001
15 Lund University, Schweden, Swedish Association of Communication Professionals, „Communicative Organization", (Langzeitstudie), Mats Heide, Charlotte Simonsson, Howard Nothhaft, Rickard Andersson & Sara von Platen, Januar 2019
16 Amsterdam School of Communication Research (ASCoR), University of Amsterdam, „Explicating communicative organization-stakeholder relationships in the digital age: A systematic review and research agenda", Dr. Irina Lock , November 2019
17 University of Jyväskylä, „Managing the communicative organization: A qualitative analysis of knowledge-intensive companies", Kaisa Pekkala, Juli 2020
18 Via@dailyqotdapp , Oktober 2018
19 KRYON, „2021 Automation and The Future of Work Report", August 2021
20 Larry English, „Gig Workers Are The Workforce Of The Future: Here's How To Engage Them", Forbes, Februar 2021
21 In: The Wall Street Journal (28.03.1991), „Don't Change Corporate Culture – Use it!"
22 Capgemini, „The Future of Work: From remote to hybrid", Claudia Crummenerl, Stephan Paolini, Catherine Perronet, Isabelle Lamothe, Sushil Ravindranath, Isabell Schastok, Jerome Buvat, Nancy Manchanda, Gaurav Aggarwal, Arnab Chakraborty, März 2021
23 Aus: Tom J. Peters, Robert H. Watermann jr., „In Search of Excellence", Harper & Row Publishers 1982
24 Beide Zitate aus: „The Silo Mentality: How To Break Down The Barriers", Forbes, Oktober 2013
25 Seminar an der University of Southern California im Dezember 2021, https://careers.usc.edu/channels/identities/
26 „The 8-step process for leading change", Dezember 2021
27 Alle Zitate aus: Roland Berger, „Strategisch, digital, agil – Wie der Effizienz- und Qualitätssprung in der Unternehmenskommunikation gelingt", Prof. Dr. Torsten Oltmanns, Andreas Stocker, Dirk Horstkötter, Miriam Sailer, Mai 2019
28 Quadriga Hochschule Berlin, „Organisation der PR 2019", René Seidenglanz, September 2019
29 Roland Berger, „Strategisch, digital, agil – Wie der Effizienz- und Qualitätssprung in der Unternehmenskommunikation gelingt", Prof. Dr. Torsten Oltmanns, Andreas Stocker, Dirk Horstkötter, Miriam Sailer, Mai 2019
30 Im persönlichen Gespräch mit den Autoren dieses Buches, Februar 2022
31 Jeff Bezos, „Letter to Shareholders: It's Always Day 1", Juni 2016
32 John P. Kotter, Vanessa Akhtar, Gaurav Gupta, „Is your Organization Surviving Change – or Thriving in It?", Harvard Business Review, August 2021

CINCO: Betriebssystem intelligenter Zukunftsunternehmen

1 KPMG, „CEO Outlook 2021 Pulse Survey", Matthias Schmelzer, Angelika Huber-Straßer, September 2021

2 „Judgement Calls", Brook Manville, 2012

3 Capgemini, „The data-powered Enterprise: Why Organizations must strengthen their Data Mastery", Anne-Laure Thieullent, Zhiwei Jiang, Valérie Perhirin, Ron Tolido, Steve Jones, Thomas Svahn, Nick Clarke, Jerome Buvat, Nancy Manchanda, Ramya Krishna Puttur, November 2020

4 Ebda.

5 Im persönlichen Gespräch mit den Autoren dieses Buches, Februar 2022

6 Ebda.

7 TRUE Global Intelligence im Auftrag von Splunk, „Das Datenzeitalter hat begonnen. Sind Sie bereit?", September 2020

8 Ebda.

9 PricewaterhouseCoopers, „Die Zukunft des deutschen Contact-Center- und CRM-Marktes", Matthias Riveiro, Raphael Heiner, Februar 2020

10 „Big Data at Work", Harvard Business Review, 2014

11 Im persönlichen Gespräch mit den Autoren dieses Buches, März 2022

12 Allianz Global Corporate & Specialty (AGCS), „Managing The Impact Of Increasing Interconnectivity – Trends In Cyber Risk", Editorial: Greg Dobie, Joel Whitehead, November 2020

13 Ebda.

14 European Association of Communication Directors, „European Communications Monitor 2021", Mai 2021

15 Lund University, Schweden, Swedish Association of Communication Professionals, „Communicative Organization" (Langzeitstudie), Januar 2019, Mats Heide, Charlotte Simonsson, Howard Nothhaft, Rickard Andersson & Sara von Platen

16 Im persönlichen Gespräch mit den Autoren dieses Buches, August 2021

17 Egon Zehnder, „It starts with the CEO", Kati Najipoor-Smith, Dick Patton, Colin Douglas, Nathalie Hourihan, November 2021

18 The Nielsen Company, „Nielsen Trust 20 Advertising 2021", Dezember 2021

19 Im persönlichen Gespräch mit den Autoren dieses Buches, November 2021

20 Omnicom Media Group (OMD), „The Age of Voice 3.0", Lukas Brocks, Alexandra Bätjer-Gleitsmann, Juni 2021

21 Ebda.

22 Im persönlichen Gespräch mit den Autoren dieses Buches, März 2022

23 Ebda.

24 Ebda.

New Ways of Communications

1 Im persönlichen Gespräch mit den Autoren dieses Buches, März 2022
2 Ebda.
3 Ebda.
4 „Wie Metaverse unser Leben verändern könnte", tn3 12/2021
5 Ebda.
6 CNBC, „Tokens.com CEO Kiguel says the metaverse is a multi-trillion dollar opportunity", Dezember 2021
7 Jessica Golden, „Nike teams up with Roblox to create a virtual world called Nikeland", CNBC, November 2021
8 The Information, „What Will Metaverse Be Worth in 2025? Our Guess Is $82 Billion", Oktober 2021
9 Aus einem Seminar von Michael Useem an der Wharton University of Pennsylvania, Oktober 2014
10 Im persönlichen Gespräch mit den Autoren dieses Buches, Januar 2022
11 Im persönlichen Gespräch mit den Autoren dieses Buches, Dezember 2021
12 Universität St. Gallen, mcm-institute, „Complex to Clear", Martin J. Eppler, Nicole Bischof, Dezember 2015
13 Im persönlichen Gespräch mit den Autoren dieses Buches, Dezember 2021
14 Ebda.
15 Ebda.
16 Edelman „2022 Edelman Trust Barometer", Tonia E. Ries, David M. Bersoff, Sarah Adkins, Cody Armstrong, Abbey Fox, Claire Ritzmann, John Zamites, Esther Choi, Chloe Buckley, Brooke Walker, Januar 2022
17 Aus dem Buch „The Best of Sydney J. Harris", November 1975
18 Im persönlichen Gespräch mit den Autoren dieses Buches, Februar 2022
19 Gallup Inc, „Gallup Engagement Index 2020 Deutschland", Januar 2021
20 Alle Zitate aus einem persönlichen Gespräch mit den Autoren dieses Buches, Juli 2021
21 Egon Zehnder, „It starts with the CEO", Kati Najipoor-Smith, Dick Patton, Colin Douglas, Nathalie Hourihan, November 2021
22 In: Harvard Business Review (1997, Vol. 75, Nr. 5), „The Future That Has Already Happened"
23 European Association of Communication Directors, „European Communications Monitor 2021", Mai 2021
24 Im persönlichen Gespräch mit den Autoren dieses Buches, Januar 2022
25 Im persönlichen Gespräch mit den Autoren dieses Buches, Oktober 2021
26 Alle Zitate aus einem persönlichen Gespräch mit den Autoren dieses Buches, Juli 2021

27 Website Berkshire Hathaway, Oktober 2021
28 Stefan Schultz, „BP-Boss Tony Hayward: Der Katastrophenchef", Spiegel, 6. Juni 2010
29 The RapTrak Company, „2021 Global RepTrak100", 2021
30 Im persönlichen Gespräch mit den Autoren dieses Buches, August 2021
31 Weber Shandwick, KRC Research, „Everything Matters Now", Gail Heimann, Mark Richards, Januar 2020
32 Ebda.
33 Im persönlichen Gespräch mit den Autoren dieses Buches, Februar 2022
34 Im persönlichen Gespräch mit den Autoren dieses Buches, März 2022
35 Ebda.
36 Ebda.
37 Weber Shandwick, KRC Research, „Everything Matters Now", Gail Heimann, Mark Richards, Januar 2020
38 Bain & Company, Transformationsinstitut Futurist, Potsdam-Institut für Klimafolgenforschung (PIK), „Von Haltung zu Handlung", Stefan Wörner, Tobias Raffel , November 2021
39 Ebda.
40 Ebda.
41 Ebda.
42 Ebda.
43 Ebda.
44 Ebda.
45 Fleishman Hillard, True Global Intelligence, „Authenticity Gap Studie 2021", Januar 2021
46 Aus der Pressemitteilung zur „Authenticity Gap Studie 2021", Januar 2021
47 Bain & Company, Transformationsinstitut Futurist, Potsdam-Institut für Klimafolgenforschung (PIK), „Von Haltung zu Handlung", Stefan Wörner, Tobias Raffel, November 2021
48 Im persönlichen Gespräch mit den Autoren dieses Buches, Dezember 2021
49 „Aufhören, Journalismus zu verhindern", KOM Nr. 3, Seite 6-7
50 Im persönlichen Gespräch mit den Autoren dieses Buches, Dezember 2021
51 Im persönlichen Gespräch mit den Autoren dieses Buches, Dezember 2021
52 Im persönlichen Gespräch mit den Autoren dieses Buches, Januar 2022
53 Bundesverband der Kommunikatoren (Hrsg.), „Profession Kommunikatorin / Kommunikator. Die Berufsfeldstudie 2021", René Seidenglanz, Ronny Fechner, Berlin: Quadriga Media Berlin GmbH, 2021
54 Beide Zitate aus: „Vertrauen als Basis der Zusammenarbeit", Kom Nr. 3, S 58-60, Dezember 2021

55 Beide Zitate: Chief Executive Group Community, Bericht im Corporate Board Member Magazine 2021
56 Im persönlichen Gespräch mit den Autoren dieses Buches, August 2021
57 Andreas Weck, „Linkedin Flex: Wie die Gen Z übertriebene Selbstdarsteller parodiert“, t3n, Oktober 2021
58 „Entschuldigung statt Debatte“, Magazin des BdKom Nr. 2, S. 6-7, Dezember 2021
59 Im persönlichen Gespräch mit den Autoren dieses Buches, Dezember 2021
60 Alexa Dagostinoin, „Here Is How Gen Z Is Changing The Way We Communicate“, Forbes, 9. August 2021
61 „ARD/ZDF Massenkommunikation Trends 2021“, September 2021
62 James McQuivey, Michelle de Lussanet, Dan Wilkos, „How Video will take over the world“, Forrester Research, Juni 2008
63 Newsroom Cisco Systems, „Cisco Visual Networking Index“ (VNI) 2017-2022, Februar 2017
64 Aidan Cole, „More Than A Trend: Meme Marketing Is Here To Stay“, Forbes, 19. Juli 2018
65 Bianca Xenia Mayer, „Wie Memes unsere Kommunikation verändern“, Spiegel, 1. August 2016
66 Im persönlichen Gespräch mit den Autoren dieses Buches, August 2021

Leadership in der Communicative Organization

1 Egon Zehnder, „It starts with the CEO“, Kati Najipoor-Smith, Dick Patton, Colin Douglas, Nathalie Hourihan, November 2021
2 Porsche Consulting, „Change Management Kompass 2020. Starke Führung als wichtigster Faktor für erfolgreiche Transformation“, Marc Zacherl, Dr. Wolfgang Freibichler, Sarah Pannes, Nicole Dersch, November 2020
3 Im persönlichen Gespräch mit den Autoren dieses Buches, Dezember 2021
4 Blog, Jack Welch Management Institute, April 2015
5 Spencer Stuart, „U.S. Spencer Stuart Board Index 2021“, Januar 2022
6 Aus einem Artikel im „Communications Director“, Mitgliedsmagazin der EACD, Juni 2021
7 Arthur W. Page Society, „The New CCO: Transforming enterprises in a changing world“, Mai 2016
8 Aus den Korn Ferry Insights „Chief Communication Officers: The pandemic's new business leaders“, März 2020
9 Ebda.

10 Im persönlichen Gespräch mit den Autoren dieses Buches, Januar 2022
11 Im persönlichen Gespräch mit den Autoren dieses Buches, März 2022
12 Aus den Leitlinien der EZB, eigene Website, Oktober 2021
13 Der European Communication Monitor wird von Fleishman Hillard und der EACD jährlich erstellt.
14 Egon Zehnder, „Hohe Fluktuation und überhastete Entscheidungen: Deutsche Unternehmen haben ein Nachfolgeproblem", Thorsten Gerhard, Elke Hofmann, November 2021
15 „Making the difference – Top-Leader im Portrait #1": „Aus persönlicher Zuständigkeit eine vernetzte Verantwortung machen" von Kirsten Werner-Schäfer
16 „Measure what matters", Penguin, September 2017
17 Ebda.
18 „Deloitte Global Human Capital Trends Report 2019", April 2019
19 „Your Five Leadership Moves To Get To 21st Century Management", Forbes, Dezember 2020
20 Joel M. Podolny, Morten T. Hansen, „How Apple is Organized for Innovation", Harvard Business Review, April 2020
21 Aus: Simon Sinek, „Start with Why", Penguin Group, 2009

Roadmap in die Newlands

1 Bain & Company, Transformationsinstitut Futurist, Potsdam-Institut für Klimafolgenforschung (PIK), „Von Haltung zu Handlung", Stefan Wörner, Tobias Raffel , November 2021
2 „Viele Boards machen es sich zu leicht", Harvard Business Manager, Februar 2022
3 Im persönlichen Gespräch mit den Autoren dieses Buches, Februar 2022
4 The Economist Intelligence Unit, „IT's changing mandate in an age of disruption", Powered by Appian, September 2021